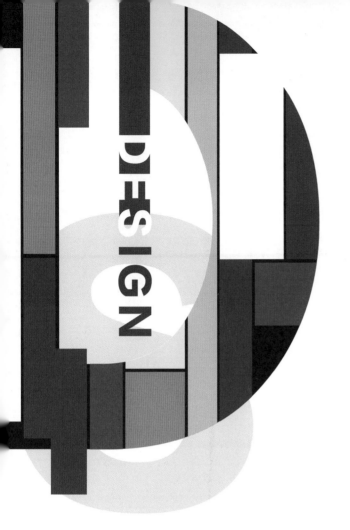

高等学校动画与数字媒体专业
「全媒体」创意创新系列教材

设计基础

综合设计基础

General Design Foundation

施晗薇	王　萍
李宇斌	柴丽芳
李光浩	汤晓颖
X	X
参　编	主　编

电子工业出版社

Publishing House of Electronics Industry

北京·BEIJING

内 容 简 介

本书是作者从大量教学实践中梳理教学内容、优化课程结构而高度凝练出的符合设计类学生专业基础课程需求的设计基础教材。内容分三篇，第一篇是设计理论篇，引导读者从美术思维转向设计思维，从设计理论、设计史、设计批评三个维度认识和理解设计；第二篇是课题训练篇，包括"玩转甲骨文""形由义生""结构的魅力"三个课题训练；第三篇是创意生活篇，以专题为切入点，介绍设计创作的流程，拓展读者的设计思维。

本书适合作为高等学校设计类专业综合设计基础课程的教材，也适合设计初学者参考。

图书在版编目（CIP）数据

综合设计基础 / 王萍等主编 . —北京：电子工业出版社，2024.1
ISBN 978-7-121-46957-2

Ⅰ.①综⋯ Ⅱ.①王⋯ Ⅲ.①设计学 - 高等学校 - 教材 Ⅳ.① TB21

中国国家版本馆 CIP 数据核字（2023）第 248545 号

责任编辑：张　鑫
印　　刷：天津图文方嘉印刷有限公司
装　　订：天津图文方嘉印刷有限公司
出版发行：电子工业出版社
　　　　　北京市海淀区万寿路 173 信箱　　邮编：100036
开　　本：787×1 092　1/16　印张：12.5　字数：244 千字
版　　次：2024 年 1 月第 1 版
印　　次：2024 年 1 月第 1 次印刷
定　　价：69.00 元

凡所购买电子工业出版社图书有缺损问题，请向购买书店调换。若书店售缺，请与本社发行部联系，联系及邮购电话：（010）88254888，88258888。

质量投诉请发邮件至 zlts@phei.com.cn，盗版侵权举报请发邮件至 dbqq@phei.com.cn。

本书咨询联系方式：zhangx@phei.com.cn。

前　言

随着时代的发展，教育理念在不断更新，传统的教学模式逐渐显现出不适应现代教育理念的态势。广东工业大学艺术与设计学院设计类专业囊括工业设计、产品设计、环境设计、数字媒体设计、服装设计等专业方向，每年输送近一千名学生进入社会，所以人才培养一直受到学院的重点关注。

众所周知，人才培养离不开教学，先进的教学水平需要优质的课程支撑。广东工业大学艺术与设计学院设计类专业学生在高考时需从美术方向应试，也就是说学生进入大学前已经有一定的美术基础。学院本着两性一度（高阶性、创新性、挑战度）的教学要求，将传统三大构成课程演变为《设计色彩》《设计造型基础》《综合设计基础》等新型课程，在课程内容上力求让学生尽快适应大学的学习特征和设计思维要求，有更多的精力投入设计类专业课程学习，毕业时能更好地适应社会。

本书旨在培养学生的设计思维意识和设计思维能力，主要特点包括：从理论出发，阐述艺术、美术与设计的关系，让读者理解设计的真正含义；借鉴美术及艺术的原理和方法，将理性的知识感性化，迎合美术学生的特点；引用大量图片，让图片和文字形成对应关系，促进理解；实践部分将高深原理浅分析，既有具体基本操作又有原理分析；大量引用学生作品，让读者有代入感。本书还巧妙融入课程思政内容，实现全过程育人，在案例分析及作业安排中加入"传统文化""工匠精神""大国情怀"等观点，"润物细无声"，实现以德育人。

本书针对有一定美术基础的读者，内容分三篇。**第一篇为设计理论篇**，主要目的是夯实基础，"索本求源"地分析艺术、美术、设计三者之间的关系，从而让读者从设计理论、设计史、设计批评三个维度认识和理解设计。**第二篇为课题训练篇**。第一个课题是玩转甲骨文，由于学生已经有一定的美术创作意识，但美术和设计还是有本质区别的，因此本课题培养学生从平面向立体的思维转换能力。第二个课题是形由义生，培养学生给设计作品注入"灵魂"的能力。设计作品如同人一样具有"性格"，这个"性格"就是形式与内容的完美结合，任何设计作品的形式都不是"无厘头"的，而是在一定设计的推演下自然形成的。设计作品的时代性、适用性、文化性等的注入需要有适当的形式作为载体，由此形态与寓意完美融合。此阶段的实训方式有两种：基础方式是给出几个词语，让学生分析其中的关联并进行设计制作表达；进阶方式是先听音乐盲画提炼词语再分析表达。第三个课题是结构的魅力。设计落地需要利用材料、技术才能实现，否则就是纸上谈兵，结构是设计落地的关键，本课题注重让学生理解结构与设计的关系。**第三篇为创意生活篇**，主要锻炼学生理解设计流程，特别是发现问题、分析问题和解决问题的能力，分别以中国传统节日、创意非遗、餐饮品牌设计为主题指导学生展开设计推演。

本书适合作为高等学校设计类专业综合设计基础课程的教材，也适合设计初学者参考。

本书由王萍、柴丽芳、汤晓颖主编，施晗薇、李宇斌、李光浩参编。具体分工如下：王萍负责编写第一篇主体部分并搭建第三篇整体结构，施晗薇负责编写第一篇部分内容，柴丽芳负责搭建第二篇整体结构，李宇斌与李光浩负责资料收集、文字和图片整理工作并编写了部分内容，汤晓颖负责统稿。广东工业大学艺术与设计学院"综合设计基础"教学组提供了教学实践素材，设计学18级、19级、20级、21级和22级学生无私地提供了设计作品，电子工业出版社张鑫编辑推动了本书的编写进度并保证了质量。在此一并致谢！

本书是作者在教学实践中摸索出来的成果，在写作过程中作者不断调整思路，以期更好地展现课程教学改革的成果，更好地服务读者。但由于作者水平有限，书中可能存在许多不足之处，敬请读者批评指正。

目 录

第 一 篇

设计理论篇

艺术·美术·设计

一、索本求源

2011 年，国务院学位办、教育部修订的《学位授予和人才培养学科目录（2011年）》将艺术学列为第十三个学科门类，其具体划分为艺术学理论、音乐与舞蹈学、戏剧与影视学、美术学、设计学（可授艺术学、工学学位）五个一级学科。从这里可以看出，设计学已经成功地被提升到了一级学科的层次。综合设计学的学科特点可以说，设计学是科学技术与艺术相结合的一门新兴学科，具有"跨学科"的属性。设计与特定的物质生产及科学技术的关系，使设计学具备了自然科学的客观属性；而设计与特定社会的政治、文化、艺术之间所存在的显而易见的关系，又使设计学有着特殊的意识形态色彩。

"艺术"既可以是宏观概念，也可以是个体现象，人们采用捕捉和挖掘、感知和分析的方式，将技术、想象和经验等多种人为因素结合起来，使之达到一种和谐的状态，从而创造出蕴含着美学的器物、影像、环境、动作或声音等。可以说艺术是语言的重要补充方法。根据这一定义，艺术可分为四种类型：语言艺术、造型艺术、表演艺术和综合艺术。在此谈到的造型艺术，也就是平时俗称的美术了。美术是一种在特定的平面或者空间中进行创造且具有可视性的艺术。通常情况下，美术包括绘画、雕塑、设计、建筑四大门类，现代一些学者还将书法、摄影等也纳入美术范畴。美术还可分成观赏性艺术和实用性艺术两种类型。所谓"设计"，就是指把一种设想用合理的规划、详细的计划以不同方式表现出来的过程。人类以劳动来改造世界，创造文明，创造物质财富和精神财富，而最基础、最主要的创造活动是造物。设计就是进行造物活动的预先计划，可以把一切造物活动的计划技术和计划过程理解为**设计**。

我们在索本求源的过程中，一般要考虑三个方面：是什么、为什么、怎么做。就艺术、美术、设计三者而言，要考虑它们在我们的生活中起到何种作用，在学科、专业等方面又有什么联系和区别。下面介绍艺术、美术、设计的定义，以及它们之间的相互关系。

（一）生活语境下的艺术、美术与设计

1. 生活中的艺术

德国艺术家约瑟夫·博伊斯有一句名言："每个人都是艺术家"。艺术源于生活，艺术包含绘画、雕刻、建筑、音乐、文学、舞蹈、戏剧、电影、游戏等。仔细想想，这些门类几乎覆盖了人们生活的所有部分，如闲暇时看的电影、别具一格的餐厅、从小背到大的诗词。这些我们习以为常的事情，就是艺术，生活中不缺少艺术，关键在于我们是否拥有一双发现美的眼睛。

艺术源于生活又高于生活。作者理解，艺术取材于我们的生活经历，没有生活的原型就不会有艺术创作的灵感及源头，而艺术所带给我们的感触和思考常常又高于生活。爱美之心，人皆有之，而艺术所创造的就是一种美，这种美以一种无形的方式潜入我们的生活，不管我们什么年龄，从事哪个行业，这种美都被需要着。

夜间的露天咖啡座

作者：梵高

路边的餐厅有着独特的建筑风格，屋子里搭配着极具特色的餐具和餐桌布，营造出一种独特的氛围，这是一种艺术；街边的卖艺人拉着小提琴，也是一种艺术。生活中人们听着各种曲风的音乐，室内的墙上挂满绘画、摄影等作品，小说家构思小说结构，这些都是艺术的展现形式，艺术从不同角度丰富和影响着人们的生活。

2．生活中的美术

相较于艺术而言，美术包含的内容更具体。美术是可视艺术，即体现在视觉上，用一定的物质材料，如颜料、纸张、画布、泥土、木料、金属、木头等，塑造可视的平面或立体的视觉形象，以反映自然和社会生活，是表达艺术家思想观念和感情的一种艺术活动，也称造型艺术、视觉艺术。生活中的美术作品主要有雕塑作品、绘画作品、工艺美术作品等。美术作品反映了人类对美的追求和表达。在生活中，美术作品不仅可以美化环境，还可以传达情感、思想，传递历史。

（1）雕塑作品

在城市的公共空间中，如公园、广场、博物馆等地方，常常可以见到雕塑作品。这些雕塑作品作为城市景观的一部分，为城市环境增添了艺术气息。

记忆山城

作者：郭选昌

（2）绘画作品

在住所、学校和一些公共场所，常常会看到绘画作品。例如，在住所，可能会用一些画来装饰墙壁、门廊；在学校，可能会有一些学生的绘画作品展示在走廊或教室里。这些绘画作品可以带来美的享受，也可以展示个人的才华和创造力。

父亲

作者：罗中立

（3）工艺美术作品

生活中的工艺美术作品无处不在，它以各种形式存在，如生活用品、装饰品、家具等。它不仅仅是实用的物品，更是艺术与生活的结合，给人带来美的享受。以家具类生活用品为例，家具类工艺美术与人们的生活息息相关，桌、椅、屏风等家具不仅有实用性，还有审美价值。例如，我国传统家具的设计和制作都非常考究，每件家具都是一件艺术品。这些家具在造型、线条、材质等方面都体现了工艺美术的精髓。

总之，美术在人们的生活中扮演着重要的角色，人人都可以参与其中。无论是雕塑、绘画还是工艺美术，都可以通过创造性和技巧来展示艺术的价值和美感。它们不仅可以为我们带来视觉上的享受，还可以激发我们的情感和想象力。在生活中，我们可以欣赏这些作品来提高自己的审美水平，还可以参与创作过程来表达自己的想法和感受。因此，美术不仅是一种艺术形式，也是一种生活方式，让人们能够更好地理解和欣赏世界的美。

紫砂壶
作者：史志洪　徐汉棠

3．生活中的设计

相较于艺术和美术对现实生活与精神世界的形象表达，设计是一种积极、主观、有意识、有动机的创造行为，旨在解决功能需求、创新市场、影响社会，并改变人们的生活。随着人类文明的进步和生产力的提高，现代设计在人类生活的多个领域发挥着越来越重要的作用。在 21 世纪全球化进程日益加快的背景下，现代设计在现代人类生活中承担着重要责任。设计渗透在人类生活的方方面面，从衣、食、住、行到学习、工作、社会交流、旅游娱乐。无论是家居用品、电子产品、服装设计，还是城市规划、建筑设计、交通工具设计，设计都在以创新的方式满足着人们的需求，引领着社会发展的潮流。

（1）工业产品设计

工业产品设计涵盖家具、电器、交通工具等各类工业产品的设计。优秀的工业产品设计不仅关注产品的功能和实用性，还关注产品的外观和用户体验。例如，现代的智能手机和计算机，不仅具备强大的功能，还具有美丽的外观和易用的界面。这些产品通过不断更新换代，满足着人们对科技和审美的双重追求。

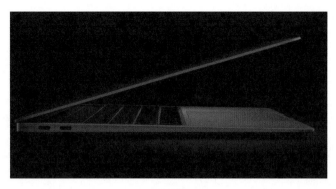

MacBook Air

（2）建筑设计

建筑设计关注建筑物的外观、结构和功能。优秀的建筑设计可以完美满足人们的生活需求，也可以提升城市的形象和美感，将"美术"融入"设计"。例如，上海中心大厦作为一座地标性建筑，不仅提供了办公空间和观景平台，还为城市天际线增添了美感。该建筑设计的精妙之处在于它能够将功能与形式完美结合，创造出宜居和具有视觉享受的空间。

上海中心大厦

（3）软件界面设计

随着数字技术的飞速发展，软件已经成为人们生活中不可或缺的一部分，为人们带来了丰富多样的娱乐和使用体验。优秀的界面设计能使人们轻松地掌握使用方法并高效地完成任务，同时享受视觉上的盛宴。一些备受欢迎的手机应用，如抖音、微信等，凭借简洁明了的界面和易于操作的功能，为人们的社交和娱乐提供了轻松便捷的体验。这些设计作品在满足人们日常生活需要的同时也提供了良好的用户体验。

QQ 软件界面设计

图片来源：QQ 官网

设计与生活如同硬币的两面，密不可分。它们的共同基础是满足人类所需，追求的目标是造福人类。生活为设计提供了源源不断的素材和灵感，激发设计师的创新思维；而设计则顺应生活的需要，为人们带来便利和情趣，创造出一个符合人类生理和心理需求的环境。

（二）学术语境下的艺术、美术与设计

1. 学术中的艺术

（1）艺术的起源

人类最早的艺术可以追溯到原始社会，那时人们利用各种媒介来表达自己的想法和情感。最早出现的艺术形式是岩洞壁画和雕刻，通常以自然图案和动物为主题。关于艺术起源，业界主要奉行五种学说，分别是模仿说、游戏说、表现说、巫术说和劳动说。

① 模仿说

模仿说认为，模仿是人类的天性，艺术是人类对自然的模仿冲动。这种理论源于古希腊哲学家，且在 19 世纪末之前一直具有极大的影响力。

② 游戏说

代表人物有康德、席勒、斯宾塞、谷鲁斯等。游戏说认为艺术活动是无功利、无目的、自由的游戏活动，但将艺术起源归于游戏又过于简单化。

③ 表现说

代表人物有雪莱、托尔斯泰等。表现说认为，原始人所有的艺术就是他们表达情感的方式，以此促成了艺术的发生和发展。

④ 巫术说

代表人物有泰勒等。巫术说并非指艺术起源于巫术，而是认为巫术的生产过程对文学创作有着某种启发意义。巫术说把精神动机视为原始艺术发生的唯一动力，忽视了隐藏在精神动机后面的动机，即人类的物质生产活动，因而未能从根本上解决艺术起源的问题。

⑤ 劳动说

代表人物有希尔恩、恩格斯等。劳动说认为，艺术的起源最终应归结为人类的实践活动，劳动是人类社会生活最重要的组成部分，但不是社会生活的全部，劳动以外的其他社会生活的内容也与艺术的发生有着密切的关系。在我国文艺理论界占据主导地位的劳动说认为艺术的起源与劳动有着密切的关系。

这五种学说从不同角度探讨了艺术的起源问题，各有其合理性和局限性。艺术的起源是复杂且多元的，可能受到多种因素的影响。

（2）艺术的发展

随着社会的进步和文明的发展，艺术也不断演变和发展，不同时期的艺术呈现出多样化的风格和表现形式。人类艺术的进程大致可以分为 7 个阶段，分别为原始艺术（史前时期）、古希腊艺术（公元前 12 世纪—公元前 1 世纪）、中世纪艺术（5 世纪—15 世纪）、古典艺术（16 世纪—19 世纪前期）、现代艺术（19 世纪后期至第二次世界大战）、后现代艺术（第二次世界大战后至 20 世纪末）、当代艺术（20 世纪末至今）。

① 原始艺术（史前时期）

原始艺术是渔猎社会的产物，深刻反映了人类对自然灾害的恐惧和对生活的祈祷，它是原始部落的图腾崇拜物与图形的展现，体现了人类在精神王国中对生存的忧虑和恐惧、对食物短缺的担忧。原始人在岩石上刻画狩猎动物的形象，他们以此方式祈求能够成功捕捉到猎物，这是他们对生存希望的寄托。原始艺术具有独特的生硬性、纯真性、力量性和野性。此时的艺术形式之所以具有这些特点，是因为在原始社会，价值关系通常是低级、粗浅、简单、直接和本能的。此外，由于当时人们的认知能力相对有限，他们往往只能采用这种粗浅、简单、直接的艺术形式来反映和描述周围存在的客观事物。

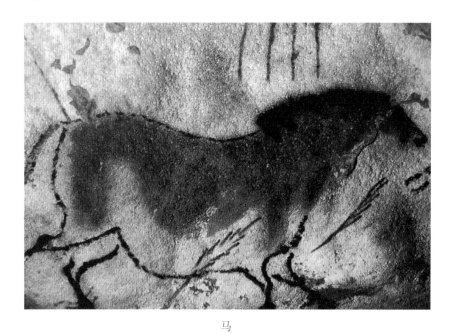

马

约公元前 15000—公元前 10000 年，法国拉斯科洞窟壁画

②古希腊艺术（公元前 12 世纪—公元前 1 世纪）

古希腊艺术是人们对美的追求的杰出体现，它涵盖了公元前 12 世纪至公元前 1 世纪这一时期内，希腊及其周边岛屿和小亚细亚西部沿海地区的美术。公元前 5 世纪至公元前 4 世纪，古希腊艺术达到了全盛时期，取得了令人瞩目的成就。这个时期的古希腊艺术涵盖了不同门类，包括雕刻、建筑、绘画等，每个门类都取得了显著的成就。其中，雕刻和建筑两大门类艺术对后世的影响尤为深远。古希腊的雕刻艺术以其健壮有力的体魄、昂扬向上的精神风貌和优雅精致的造型而备受赞誉。这些雕刻作品体现了古希腊艺术家对人类身体和精神的深刻理解及他们的精湛技艺，被尊崇为造型艺术的典范。

与此同时，古希腊建筑艺术也取得了辉煌的成就。从宏伟的庙宇、宫殿到普通的住宅，古希腊建筑作品展现出一种超越物质的美感和永恒性。这些建筑作品不仅展示了古希腊人对形式和比例的精湛理解，还体现了他们对神秘主义和崇高精神的追求。因此，古希腊艺术被人们誉为艺术的高峰时期，不仅为后世留下了丰富的艺术遗产，还为人类艺术发展史写下了浓墨重彩的一笔。古希腊艺术的精神和形式对后世艺术家和建筑师产生了深远的影响，至今仍在激发着人们的创作灵感。

米洛斯的维纳斯

作者：阿历山德罗斯

③中世纪艺术（5世纪—15世纪）

中世纪艺术是宗教时代的产物，主要表现为建筑的高度发展，各种形式的大教堂，如拜占庭式教堂、罗马式教堂、哥特式教堂，在艺术和工程设计上都取得了很高的成就。然而，当谈到中世纪艺术时，也有很多人认为这是艺术的倒退，特别是在绘画方面。尽管如此，中世纪艺术仍然有其独特的价值和贡献，它为后世的艺术发展奠定了基础。

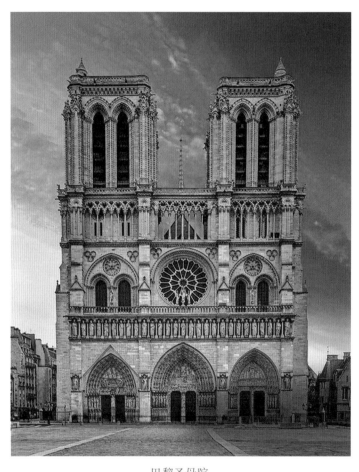

巴黎圣母院

建筑师：尚·德·谢耶等

④ 古典艺术（16 世纪—19 世纪前期）

古典艺术，作为农耕时代的璀璨产物，是人类对世界深入的理解和阐述。它汇聚了人类智慧的瑰宝，其艺术形式展现出庄重与优雅的完美融合。人文主义是古典艺术的核心，它让人们首次从艺术中看到了人性的光辉，而非神性的至高无上。它强调对人的个性的尊重和关怀，维护人的人性尊严，提倡宽容的世俗文化，反对暴力与歧视，主张自由、平等和自我价值的实现。这一思想逐渐发展成为一种哲学思潮和世界观，并对后来的艺术发展产生了深远的影响。

最后的审判（部分）

作者：米开朗基罗

⑤ 现代艺术（19 世纪后期至第二次世界大战）

现代艺术，作为工业时代的产物，深刻地表达了人类对人生的困惑和追问。它专注于探索形式和精神层面，以抽象、概念和反思为特点。与古典艺术不同，现代艺术并不直接对社会进行批判，而是以隐喻和象征的方式揭示社会的矛盾与问题。它以颠覆性的方式挑战传统美学观念，旨在唤醒人们对人性异化的反思，并打破艺术家、作品和观众之间的界限。

自画像（1938）

作者：毕加索

现代艺术深受现代社会文化的影响，同时又立足于批判现实社会对人性的压抑。它通过创新的方式揭示社会的阴暗面，挑战权力和权威，呼唤人们关注边缘群体和社会不公。现代艺术不仅是一种表达方式，更是一种干预人类生活的方式，它旨在引发思考、激发共鸣，并推动社会的进步。

⑥ 后现代艺术（第二次世界大战后至 20 世纪末）

后现代艺术是信息时代的独特产物，反映了在全球化大趋势下人类文明走向优化重建的融合创新。它体现了人类在共享时代文化融合中的对话和交流，是艺术家和大众共同创造的精神财富。后现代艺术以其多元性和创新性，打破了传统艺术界限，实现了艺术的"再"重生。后现代艺术是对人类精神追求的深度探索，通过对话和交流激发了人们的创新思维和对生活的重新认识。它让人们看到了艺术的无限可能，以及在全球化背景下人类文明的多样性和包容性。

走下楼梯的裸女

作者：马塞尔·杜尚

⑦ 当代艺术（20 世纪末至今）

当代艺术既可以指"当代"这个时期的艺术，即 20 世纪末至今的艺术，包括绘画、雕塑、摄影、装置、行为表演和录像等门类；又可以指具有"当代意识"或"当代形式"的艺术，艺术家通过各种各样的艺术实验和形式表达，传递观念，表达看法，而不再仅仅局限于审美方面的考虑。相关的艺术运动和流派包括波普艺术、观念艺术、大地艺术、贫穷艺术等。这些都突破了以前的艺术范式，展现了创作者的独特思维和审美观。当代艺术具有全球性、文化多样性、社会介入性和技术相关性等特点。这些特点使得当代艺术成为反映当代社会多元性和复杂性的重要媒介之一。

逐梦

作者：焦兴涛

图片来源：中国国家博物馆官网

光之隧道

作者：马岩松

图片来源：日本国家旅游局官方微博

2．学术中的美术

（1）美术的起源

美术的起源可以追溯到史前时期，美术是人类在漫长的进化过程中，对自然界的生物、植物、动物等进行模仿、创造而形成的一种视觉艺术形式。旧石器时代的洞窟壁画是人类最早的绘画形式之一。在古代，美术作品主要用于宗教祭祀、纪念战争、记录历史等。随着社会的发展，美术逐渐演变为一种独立的艺术形式，出现了绘画、雕塑、建筑等多种门类，并逐渐形成了各个国家和地区的独特艺术风格。

至于"美术"这个专有名词，源于古罗马的拉丁语词汇"art"，最初的意思是指相对于"自然造化"的"人工技艺"。在中国，"美术"这个概念是在新文化运动中开始被广泛接受和应用的。在欧洲，直到文艺复兴时期，"艺术"和"美术"这两个概念才被正式确立和认可。这一时期，人们开始意识到创造纯粹精神领域的产物能够激发人类的激情，开阔胸怀，并增强彼此之间的同情心，提升意志力，建立信念。这种思想意识的活动是人文主义发展的重要表现形式，涉及艺术的不同领域和形态，包括我们现在所熟知的文学、艺术等领域，其中自然涵盖了美术。这种精神产品，是从物质中提升的，与物质相辅而行，成为全面滋养人们心灵所不可缺少的营养。人类依靠它陶冶情怀，并协同各门类的科学认识世界，普及教育，开拓文明。它起着组织和协调社会成员的意志与行为的作用，成为人类社会生活中的重要组成部分。

（2）美术的发展史

美术的发展史大致可分为以下几个阶段：史前美术、古代美术、中世纪美术、文艺复兴美术、17世纪美术、18世纪美术、19世纪美术、现代美术及后现代美术。

戈冠凤鸟佩

图片来源：中国国家博物馆官网

史前美术，作为美术史的开端，起源于新石器时代。这一时期绘画的主要目的是记录简单的真实生活。夏商周时期的美术，青铜工艺、玉石骨牙工艺等相继出现，同时也产生了雕塑、绘画及精美的书法（如甲骨文）等作品。秦汉时期的美术更是进步显著，美术门类繁多，壁画、书法及工艺美术等都取得了很大的进步，呈现出精美的特点。

古代美术是指史前美术之后，到公元475年的美术。这一时期的作品主要受到古希腊、古罗马等古代文明的影响，同时也包括中国、古印度、波斯等地的美术作品。古代美术的种类非常丰富，包括建筑、雕塑、绘画、工艺美术等。在建筑方面，古希腊的庙宇、罗马的宫殿及中国的长城等都是古代建筑的杰出代表。在雕塑方面，古希腊的雕塑《掷铁饼者》《米洛斯的维纳斯》等都是古代雕塑的经典之作。在绘画方面，西方的油画、中国的山水画等都具有极高的艺术价值。在工艺美术方面，古埃及的金字塔、中国的陶瓷等都是古代工艺美术的杰出代表。

掷铁饼者

作者：米隆

中世纪美术，始于公元 476 年，终于 15 世纪，受到基督教精神的深远影响，主要形式有宗教画、祭坛画和圣像画。中世纪美术的特点是强调对精神世界的表现，采用象征、寓意等手法，具有浓厚的神秘感和宗教色彩。

面包和鱼的奇迹

作者：丁托列托

进入文艺复兴时期，美术创作开始追求人文主义和现实主义，强调对自然和人体的表现。这一时期的美术大师，如达·芬奇、米开朗基罗、拉斐尔等，他们的作品具有极高的艺术价值和历史价值。这些文艺复兴时期的杰作以绘画、雕塑和建筑为主，不仅展现了对古希腊、古罗马等古典艺术的复兴和模仿，更注重对现实世界的深入观察和细致刻画。

哀悼基督
作者：乔托·迪·邦多纳

17世纪的美术作品在主题上受到文艺复兴的影响，主要涉及宗教、历史、神话等。同时，这一时期也出现了新的绘画类型，如风景画、静物画等。17世纪的美术作品注重对光影和透视的运用，以及色彩的表现力。代表艺术家有荷兰的伦勃朗和西班牙的委拉斯贵支等。他们的作品展现了精湛的技艺和对细节的关注，同时也反映了当时的社会背景和人文精神。

18世纪的美术以新古典主义为主流，强调对古希腊、古罗马等古典艺术的复兴。同时，浪漫主义和现实主义也开始萌芽。这一时期的美术作品以绘画和雕塑为主，代表作品有达·芬奇的《蒙娜丽莎》等。这些作品注重对历史和文化的表现，也开始关注对社会和政治的反映。此外，18世纪的美术还关注对自然和人体的表现，展现了艺术家精湛的技艺和对细节的关注。

扮作花神的沙斯姬亚

作者：伦勃朗

蒙娜丽莎

作者：达·芬奇

进入 19 世纪，美术领域呈现出多元化的发展趋势，出现了印象派、后印象派、表现主义、立体主义等多种流派。这一时期的美术作品在表现手法和技巧上都有了很大的突破和创新。绘画方面出现了印象派的《日出·印象》等经典作品；同时，雕塑和建筑也有了很大的发展，代表作品有法国的巴黎圣母院等。此外，19 世纪的美术作品不仅关注对自然和人体的表现，而且开始探讨对心理和社会的反映。

日出·印象
作者：克劳德·莫奈

从 20 世纪初开始，现代美术呈现出更加多元化的趋势，包括抽象表现主义、波普艺术、观念艺术等，代表作品有杰克逊·波洛克《秋韵》。现代美术注重个性表达和自由创新，也与社会问题和文化现象密切相关。现代美术作品形式多样，包括绘画、雕塑、建筑、装置艺术等。同时，现代美术还关注对科技和新媒体的运用与发展。这些多元化的艺术形式和表现手法为艺术家提供了更多的创作空间和表达方式，也使现代美术更加丰富和多元化。

秋韵

作者：杰克逊·波洛克

3. 学术中的设计

（1）设计起源

设计的历史与人类的历史基本同步，从形式上看，艺术是一种纯粹的造型艺术，但它的产生最初是为了人们精神寄托的实用目的。它经历了从实用到美观的发展过程，以巫术为中介，通过劳动慢慢向前迈进。设计在诞生之初，只具有满足人们需要的实用功能。从发生的角度来看，其产生的原因是比较明确的，它是根据人类的需要而产生的。

设计可以追溯到人类文明的最早期，如旧石器时代的石器制作。制作石器是人类最早的创造性活动，最初是以"有用"为目的的。原始人类最早制作石器时通常就地取材，从大自然中拾取石头，就地敲打、塑形，以适应切割、刮削等实用需求。此时，原始人类还没有意识去塑造石器的外观并赋予其形式感，石器的体积庞大且无固定形状。

大三棱尖状石器

图片来源：中国国家博物馆官网

人面鱼纹彩陶盆
图片来源：中国国家博物馆官网

随着时间的推进和新石器时代的到来，出现了磨制石器。磨制石器的出现反映了人类对工具制作的精细化和功能性要求。新石器时代的石器，体积更加小巧，形状更加规则。同时还出现了钻孔技术，可以将磨光的动物牙齿钻孔串在一起，制成具有装饰性的项链。这一时期的石器开始注重装饰，使石器的制作进入工艺生产的层面，具有艺术创作的意义。这些生产生活中的实用器具，几千年来不断发展，设计从诞生之初就具有自身强烈的特征，即功能性。为了更好地维持自己的生命，原始人类在与自然的长期斗争中不断完善大脑和双手的协作关系，从最初直接在大自然中获取工具到制造工具，以获得满足生活所需的物质资料。设计的发生并不像艺术的起源那么神秘，它是出于人类的需要而产生的，与人们的衣食住行密切相关。

艺术源于人的精神需求。它作为人的精神信托，赋予原始人面对未知世界更强的精神力量和勇气。而设计的目的是满足人的物质需求。物质的需要是人们赖以生存的"面包"。因此，艺术与设计是同源的，都来自人的需求。

从学术角度来看，设计在西方成为一门独立的学科是在 20 世纪 70 年代以后，它从视觉艺术中分离出来。因此，设计的理论研究领域是根据西方视觉艺术理论研究领域来划分的。它通常分为三个领域：设计史、设计理论和设计批评。这三者之间既有区别，又有联系，共同构成设计的基本内容。设计史是对设计的历史发展和演变进行研究的学科，通过分析不同时期的设计作品和设计理念来了解设计的背景、起源和发展过程；设计理论则对设计的原则、方法和价值观进行研究，它为设计师提供了指导和启示；而设计批评则对设计的价值和意义进行评估与反思，通过评价和分析设计作品来促进设计的进步与创新。

（2）设计史的发展

设计史的发展大致可以概括为从古代石器的设计，到陶瓷、纺织、造纸等手工艺品的设计，再到工业革命的大规模工业设计。从设计维度和应用领域来看，可以概括为以下四个阶段。

Design 1.0 阶段：艺术设计。时期：第一次工业革命以前。这一阶段的设计主要是一种艺术表现形式，注重装饰、美感、思想活动等。

1851 年伦敦世界博览会会址——水晶宫

　　Design 2.0 阶段：人因设计与艺术设计并存。时期：第一次工业革命至第二次工业革命前。此时，没有明确主题的艺术设计开始注重以人为本的设计，旨在为人类的日常活动提效，功能美开始出现。

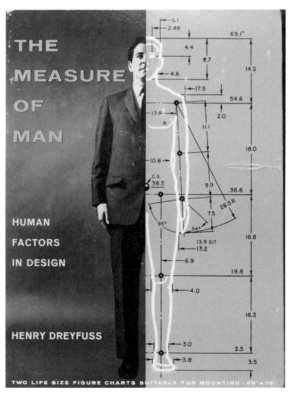

设计中的人因工学

作者：德雷夫斯

Design 3.0 阶段：科技设计、商业设计、人因设计、艺术设计并存。时期：第二次工业革命至第三次工业革命前。随着社会经济的快速发展，设计开始服务于商业，新兴产业的兴起和科技革命使设计的范围变得更广。

Apple Watch Series 9
图片来源：苹果官网

Design 4.0 阶段：社会设计、科技设计、人因设计和艺术设计并存。时期：第三次工业革命至今。经济的发展从高速逐渐趋于平稳，同时也伴随着能源危机、社会压力、环境恶化等诸多社会问题，设计开始着眼于未来，旨在为人们服务，同时致力于关注未来的可持续。

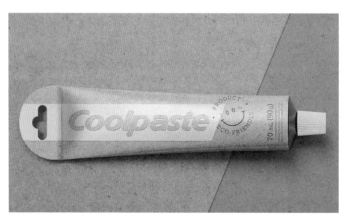

Coolpaste 可持续牙膏包装设计
作者：Allan Gomes

（3）设计理论

设计理论是指从设计原理、设计方法、设计规律等角度对设计活动进行系统概括和归纳的知识体系。在设计理论中，设计者通过研究和实践，提出了许多与设计相关的原理和方法，用来指导设计活动的进行。设计理论不仅帮助设计者更好地认识和理解设计过程，而且还提高了设计作品的质量和效果。

设计理论中的一个重要概念是"形式与功能的统一"。形式是指设计作品在外观、形状等方面的表现，而功能是指设计作品的实用性及其实现特定目标的能力。在设计中，形式与功能相辅相成，两者的统一是设计成功的基础。设计者通过研究和实践，探寻如何在满足功能需求的基础上创造出具有美学和艺术价值的形式。

设计理论中有很多关于色彩、材质、比例、对称性等的原理和方法。例如，在色彩设计中，设计者可以利用色彩搭配、色彩对比、色彩渐变等技巧，创造出丰富多样的效果。在材料的选择上，设计者可以根据需要选择合适的材料，如木材、金属等，以达到设计作品的功能和形式要求。比例和对称也是设计中常用的原则，合理的比例和对称能给人以美感、和谐感。

设计理论还加强了对用户需求的理解和考虑。在设计中，用户是设计作品的最终使用者，设计者必须充分考虑用户的使用习惯和实际需求，以此提高设计作品的用户体验和实用性。通过研究用户行为和心理，设计师可以把握用户需求，设计出能更好地满足用户期望的产品。

此外，设计理论还包括许多与创新、表达相关的方法与原则。在设计中，创新是一个非常重要的因素，设计者可以运用创新的思维和方法，让自己的设计作品与众不同，创造独特的价值。设计作品的表达是设计实践的结果，设计者通过色彩、造型、组织结构等方式向公众传达设计意图和感受。

简而言之，设计理论是设计者在设计活动中凝练的，它能够帮助设计者更好地理解和把握设计过程，提高设计作品的质量和效果。设计理论涉及形式与功能的统一、色彩、材料、比例、对称等多个方面，它们共同构成一个设计理论体系。在设计中，设计者还应该注重对用户需求的理解和关注，以及创新、表达的原则与方法。通过研究和实践，设计者可以不断丰富和完善设计理论，为设计活动提供更好的指导。

（4）设计批评

设计批评是对设计作品进行评价、分析、研究和批评的过程，旨在提高设计作品的质量和价值，促进设计的发展和创新。设计批评不仅针对具体的设计作品，还可以针对设计理论和方法进行评价。在进行设计批评时，我们需要对设计作品进行全面的分析和理解，包括对设计的目的、受众、背景等进行深入研究，对设计的外观、结构、功能等进行详细观察和评价。同时，我们还需要考虑设计作品在实际使用中的表现，如用户体验、实用性、可维护性等。

在进行设计批评时，需要明确其标准和要求，包括评估设计作品的审美标准、功能要求、创新程度等。同时，还需要考虑设计作品的真实效果和影响，如对用户感受和社会影响等方面进行评价。设计批评不仅是对设计作品的赞扬和肯定，也是对设计作品的批评和改进。批评可以指出设计作品中存在的问题和不足，并提出改进建议和意见。此外，设计批评还可以用来比较不同设计作品的优劣，为设计者提供参考。

设计批评应该具备客观、准确、公正、有建设性的特点。我们必须基于对设计作品的深入研究和理解来进行批评，避免主观臆断和片面评价。此外，还需要了解设计作品的背景和目的，把握设计者的意图，了解其创作过程。设计批评是设计者与设计界交流和学习的重要方式。通过批评和反思，设计者可以发现自己设计中的缺陷和问题，提高设计的质量和水平。同时，设计批评还可以促进设计界的交流与合作，促进设计的发展和创新。

（三）学习过程中的艺术、美术与设计

1. 艺术与设计

（1）设计源于艺术

在人类社会的早期阶段，设计和艺术活动是紧密相连的，甚至可以说是融为一体的。然而，随着社会的发展和分工的精细化，艺术逐渐从技术中分离出来，其内涵也发生了变化。

18世纪，"美的艺术"这一概念的出现，标志着大艺术（绘画、建筑、雕塑）与小艺术（所有工艺）之间的区分。工业革命后，科技的进步使设计从工艺制造业中独立出来，成为一门独立的学科。

首先，设计行业开始从传统手工制作中分离出来。在传统的手工劳动过程中，人们通常扮演着主要工具的角色。然而，工业革命的来临意味着技术带来的发展已经进入一个全新的阶段——以机器代替手工劳动工具。这使设计被简化为适应机器制造的形式。

其次，新的能源和材料的出现及应用为设计带来了全新的发展机遇。这些新能源和材料改变了传统设计材料的构成与模式。最突出的变革出现在建筑行业，传统的砖、木、石结构逐渐被钢筋、水泥、玻璃结构所代替。

最后，设计的内部和外部环境也发生了变化。当标准化、批量化成为生产的主要目的时，设计的内部评价标准就不再是"为艺术而艺术"，而是"为工业而工业"的生产。同时，设计的外部环境也在发生变化。市场的概念逐渐形成，消费者的需求、经济利益的追逐、成本的降低及竞争力的提高都促使设计的受众、要求和目的发生了变化。

卢浮宫玻璃金字塔

设计：贝聿铭

（2）设计具有艺术指向

设计是一种特殊的艺术活动，是艺术生产的一个方面。所以，设计行为中的审美意识便决定了设计必然具有艺术指向。从古至今，设计的艺术追求都是通过设计产品体现出来的。例如，荷兰风格派里特维尔德的"红蓝椅"，便是对蒙德里安新造型主义绘画的三维解读。

施罗德住宅

设计：里特维尔德

（3）设计运用艺术的手法

设计中会运用重复、对比、渐变、统一、交替、协调、主导、平衡等艺术手法。巧妙运用这些手法可以提高设计的品位与水平。

（4）艺术推动设计的发展

① 艺术的变革为现代设计的进步奠定了基石。我们回首现代设计的发展历程时不难发，现艺术的变革在其中起到了重要的推动作用。现代设计的美学原理在很大程度上是基于 20 世纪初的现代设计艺术运动的探索的，例如，包豪斯的基础课程形成现代设计教育中的平面、色彩、立体三大构成课程的核心框架，这奠定了现代设计教育的结构基础，使视觉教育得以第一次建立在科学的基础上。荷兰风格派所推崇的简单几何造型，原色、中性色彩的运用及立体主义造型和理性主义特征都成为欧洲前卫艺术的重要代表，其美学思想对现代建筑和设计产生了深远的影响。

② 艺术家参与设计研究和实践活动，可以有效地推动设计的进步。以现代设计之父威廉·莫里斯为例，工业革命后，机器生产逐渐取代了传统手工业，社会还没有来得及为工业产品准备设计师，大量粗糙、过度装饰的工业产品就涌入了市场。为了改善这一局面，威廉·莫里斯组织了一批艺术家开设公司，投入设计实践，发起了一场影响深远的工艺美术运动。他的设计经验为现代设计的诞生奠定了坚实的基础。

"忍冬"壁纸设计

作者：威廉·莫里斯

③ 设计师关注艺术、投入艺术研究也可以推动设计的进步。以布劳耶为例，他在 1920 年进入包豪斯学校学习色彩与形体理论，为他后来从事家具设计打下了良好的基础。1925 年，他设计并生产了第一把钢管椅子——瓦西里椅。这充分证明了艺术家对设计的推动作用，也展示了设计师不断追求艺术的精神。

瓦西里椅
作者：布劳耶

2. 美术与设计

美术与设计，两者无疑具有紧密的联系，同时也表现出显著的差异。设计，作为商品的一种表现形式，具有明显的实用性和市场依赖性。其价值来源于满足客户的期望，实现商品的价值，以及适应市场需求。设计师在这一过程中扮演着关键角色，他们需要敏锐地理解客户的需求，精确地把握市场的动态，使设计方案得以通过。可以说，设计是受市场这只"看不见的手"所指挥的。

美术却有着完全不同的追求。美术以实现对美的追求为核心，不直接依赖市场，表达的是艺术家内心的情感和观念。美术作品中的笔墨、画面的肌理及各种表现手法，都是为了营造出一种独特的意境和美感。这种美感是设计师在设计过程中可以借鉴的重要元素。

尽管设计和美术存在显著的差异，但它们并不是完全独立的。设计师可以借鉴美术中的表现手法和元素，使设计作品更具艺术感和创新性。同时，设计活动的自身特质和发展变化规律也会影响设计师对其他相关设计活动的理解。

在设计的实践中，技术与美术的结合是不可或缺的。设计师要理解并运用技术，也要掌握美术的美感表达和创意。只有这样，设计才既能满足市场需求，又能表达出独特的艺术美感。设计并非单纯的技艺展示，而是技术与艺术的完美结合，是实用与美观的和谐统一。这种结合不仅提升了设计的价值，也为美术创作提供了新的灵感来源。

▶ 二、从美术到设计

"美术"最早的名称是"工艺"，强调制作和技术，与现代的"美术"概念有明显区别。现代美术一词首次出现在 17 世纪，于近代传入中国，成为普遍用语。美术通常被分为四个主要领域：雕塑、绘画、设计和建筑。然而，现代学者还将其他艺术形式，如书法和摄影，视为美术的一部分。

五羊石像
作者：尹积昌等

白云深处之三

作者：旷小津

iPhone 15 Pro

图片来源：苹果官网

广州塔

（作者自摄）

20 世纪 90 年代，传统的"设计"（Design）概念出现，强调在确保产品功能和舒适性的基础上，设计独特的外观并内外统一，以更好地迎合大众口味。随着时代演变，美术和设计的界限逐渐模糊，更符合中国文化认知。随着美术教育的发展，艺术设计专业崭露头角，更加侧重"设计"，但仍受"美术"的影响，难以完全分离。

《红、黄、蓝的构成》是一幅著名油画，由蒙德里安于 1930 年创作，代表了他的"新造型主义"风格。这幅画规格为 45 厘米×45 厘米，展现出独特的几何抽象绘画语言。蒙德里安花费了一两年时间将这些思想应用于自己的创作，摒弃了曲线，选择了直线作为主要元素。他将有色长方形放置在白色背景上，并使用全幅的直线网格将它们框定。直至 1921 年，他最终塑造出一种高度简化和精练的几何抽象图样，这些图样包括三种原色、三种非彩色（黑、白和灰色），以及水平和垂直线条组成的网格结构。

红、黄、蓝的构成
作者：蒙德里安

蒙德里安通过这个方式来寻求视觉要素之间的完美平衡。他精心考虑每个构成要素，谨慎地安排它们的位置，以确保整幅作品的和谐。《红、黄、蓝的构成》是一个极具代表性的几何抽象作品。这幅画由粗重的黑色线条控制着多个不同大小的矩形，形成极其简洁的结构。画面中的主要元素是鲜亮的红色，位于左上角，它不仅占据了大面积，还具有极高的饱和度。小块蓝色位于右下方，微小的黄色在左下方，再加上四块灰色恰到好处地平衡了画面上的红色正方形。

这幅画仅包含三种原色，没有其他彩色；只使用水平和垂直线条，没有其他类型的线条；仅包括直角和方块，没有其他形状。这种巧妙的分割和组合让这个平面抽象作品充满了节奏和动感，完美地体现了蒙德里安的几何抽象原则。运用绘画的基本元素，如直线、直角、三原色和三种非彩色，他将有限的图案和抽象融合在一起，象征着自然力量和自然本身的构成。

法国设计大师伊夫·圣·罗兰设计的那套著名的格子长裙——蒙德里安裙（Robe Mondrian）以《红、黄、蓝的构成》为灵感，开创性地将艺术引入时装，理所应当地进入了时装史的殿堂，这经典的黑线与红、黄、蓝、白组成的四色方格纹，引领了时尚与艺术的跨界设计潮流，至今仍在时尚界保持着不衰的魅力。

蒙德里安裙
作者：伊夫·圣·罗兰

《红蓝椅》是荷兰风格派的杰出代表作品之一，由家具设计师里特维尔德创作，灵感来源于《风格》杂志。里特维尔德被认为是将风格派艺术从平面艺术延伸到立体空间的关键艺术家之一。这把椅子于1919年首次亮相，以其激进的几何形态和非同寻常的结构而著名。它全部由木质构成，包括15根木条，构成椅子的空间骨架。与传统的榫接方式不同，它使用螺丝进行紧固，以保持结构的完整性。

最初，这把椅子被涂上灰色和黑色。后来里特维尔德决定运用鲜明的原色来加强结构，不加任何掩饰。他重新上色，用红色呈现椅背，蓝色呈现坐垫，而把手和椅腿仍然保留黑色，少量的黄色则用来强调端部。这把椅子以最简洁的造型和色彩语言，诠释了风格派和抽象美学的核心思想。

设计师能够将功能与诗意相融合，这是对工业美学的深刻体现。《红蓝椅》以其独特的现代形式成功摆脱了传统风格家具的限制，成为现代主义的先驱。因此，这把《红蓝椅》不仅代表了风格派哲学和美学的理念，还在形式探索方面具有重要的历史地位，成为整个现代主义设计运动的重要里程碑，深刻地影响了设计领域。

红蓝椅
作者：里特维尔德

在设计思维的转变中，设计师可以从传统美术中汲取灵感和技术，将现代的功能性和科学性引入他们的作品中。这种综合性的方法可以帮助设计师创造具有高度审美价值和实际功能性的产品，以满足当代社会的需求。同时，设计师需要适应不断变化的社会和文化背景，以确保他们的设计与时俱进。围绕着设计思维，下面通过从"For me"到"For you"、从"物就是物"到"属于'人'的物"、从"单线条"到"弹钢琴"，并结合第2篇中的三个课题训练来进一步锻炼学生的设计思维能力。

1. 从"For me"到"For you"

从美术到设计，是从"For me"到"For you"观念的转变。美术是以艺术家主观意识形态为主的产物，是感性和理性的完美结合，是反映社会或表达艺术家如何理解世界的一种方式，也是反映艺术家自己思想情感的一类艺术形式，强调自我。

蒙德里安的画作

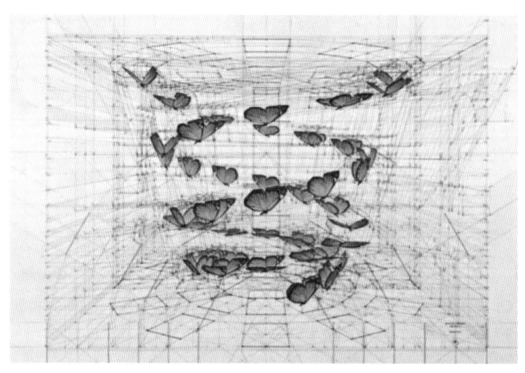

Rafael Araujo 绘制的蝴蝶飞行路线中的数学规律

以上两个作品，蒙德里安的画作中有直角、笔直的线条、刻意安排的构成及排版，保持绝对的平衡和秩序；而 Rafael Araujo 长期以来一直研究大自然中的几何美学，其作品中就连一朵山茶花的花瓣排布都有着精密的数学规律。他们都在用自己的方式表达自己对世界的理解，充分说明了艺术应该是自由的，不需要为自己的思维找出口，只需要勇敢地表达自己的内心世界。

　　设计强调情感共鸣，情感可以在多个层次上得到体现。根据相关理论和概念，我们可以将情感分为本能、行为和反思三个层次。这些理论包括情感设计理论、感性工学、认知心理学及用户体验设计。首先，在本能层次，设计需要具备能力来唤起人们的直觉情感体验，触发感官的直接的本能性反应，让人们在视觉、触觉或听觉上感受到与设计相关的情感。这一概念是从感性工学中得出的，强调了设计对人的感知和情感反应的重要性。根据认知心理学的研究，本能情感与人类的感知紧密相关，因此，设计师需要考虑如何从产品的外观、触感或声音等方面来触发用户的直觉情感体验。用户体验设计则更关注如何在产品或界面中嵌入情感元素，引发用户在本能层次的情感共鸣。

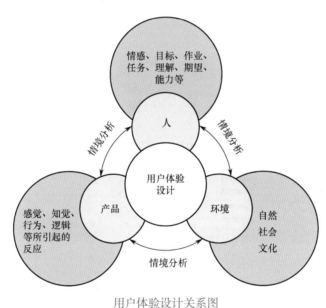

用户体验设计关系图
（作者自绘）

　　例如，一个茶杯，外形时尚，颜色漂亮，一眼看上去令人赏心悦目，这是茶杯的本能层次在起作用。而在行为层次，用户在拥有这个茶杯后，要逐渐地了解它的主要功能和熟悉它的基本特性。如果茶杯的结构合理且操作舒适，用户会在使用中获得满足感和愉悦感，这代表了设计的行为层次。

　　最高层次是反思层次，其中涵盖了用户在情感、意识、理解、个人经历和文化背景等多个层面的综合影响，这是前两个层次作用的结果。反思层次对于现代产品设计至关重要，因为它有助于建立长期的用户关系，提高用户对产品品牌的忠诚度。

Fitted Teacup

作者：Feng Zhe　Wu Weili

图片来源：红点奖官网

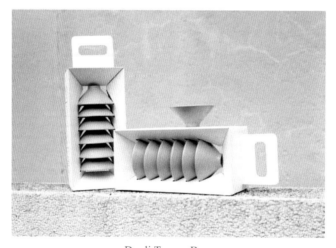

Douli Teacup Box

作者：Ying Zhang

图片来源：红点奖官网

WuXi kung fu

作者：Kui Jin　Xian Xiang

图片来源：红点奖官网

星巴克系列杯子

图片来源：星巴克官网

又如，对婴儿学步车的设计，社会不同层面曾经有不同的看法。专门研究婴儿发育的专家觉得，运动发育迟缓的婴儿必须要通过自身的努力，遵循动作发育规律，才能得到正确的运动能力发展。①从整体到局部。婴儿刚开始的动作是全身性和笼统的，随后逐渐分化。例如，婴儿被逗笑后会手舞足蹈，全身都在动。②从头到尾。头部先发育，然后依次是挺胸、翻身、坐、爬、站、走等动作技能的发展。③由近到远。婴儿的动作发育以身体中部为起点，再到胸部、躯干，然后是胳膊、腿，最后是手脚。④由大到小。动作可以分为粗大动作和精细动作。婴儿的运动发展一开始注重粗大动作，然后逐渐进展到精细动作。⑤从无到有。婴儿最初的动作是无意识的，之后会逐渐受意识的支配。例如，刚出生的婴儿会本能地抓住递来的小东西，但是几个月后他自己就会有目的地去抓东西了。20世纪80年代，西德为发育迟缓婴儿设计的学步车曾荣获国际工业设计大奖，这也反映了一种新趋势。这一设计避免了常见于伤残人士器械的冷冰冰的铝合金等材料，取而代之的是经过打磨的柔滑木材，并覆盖了鲜亮美丽的红漆，再加上搭配了一个像积木车一样的小玩具，这一产品在制作工艺上简洁却受到了国际工业设计领域的高度评价。这归功于设计者精心挑选材料，巧妙搭配色彩，合理布局功能，体现了正直的思想和对人性的关怀。这样的设计让儿童不仅视其为医疗器械，还视其为一种可亲近、可爱的玩具，有助于培养儿童的健康人格。

古法婴儿学步车

Qtus B3-Auk 儿童学步平衡车

作者：Stone (Shanghai) Juvenile Product

图片来源：iF 产品设计奖官网

设计师在构思设计时不仅注重功能性，还注重特定的外观和形态。这种形态赋予产品一种独特的性格，使其仿佛拥有了生命。使用产品时，人们会从中获取各种信息，引发不同的情感体验。当设计的外观、质感和触感能够给人带来美的感受时，使用者会产生积极的情感反应。在现代设计中，通常传达两种信息：一种是理性信息，涉及设计的功能、材料和制造工艺等；另一种是感性信息，包括设计的形状、色彩和使用方式等。前者为设计提供了设计基础，而后者更多地涉及设计的外观和形态。

长沙梅溪湖国际文化艺术中心
作者：扎哈·哈迪德建筑事务所

总之，设计是一项充满创造力的活动，旨在满足人类的物质需求和心理愿望。由于人的复杂多样性，设计的感性因素构成一个复杂的系统，而设计作品中情感的表达越丰富，其附加价值也越高。这给设计师提出了更高的要求，这种要求不仅局限于技术方面，还包括思维和创造力，构成对设计师素质的一项重要挑战。特别是要树立一种"设计是个服务性行业"的观点，形成一种设计是"For you"活动的思维，充分考虑人的需求。

设计与纯艺术创作存在根本差异，因为设计的产品无论多么吸引人，如果不能满足实际需求，那都是一种失败的设计。我国古代思想家墨子强调了满足基本需求的重要性，而古罗马建筑家维特鲁威提出了实用、坚固、美观的建筑原则。包豪斯时期的格罗佩斯也明确表示，设计必须始终以满足实际需求为首要任务。在现代设计中，功能性的明确性至关重要。然而，过分强调实用性可能导致设计显得乏味。设计的最终目标是为人类提供服务，因此需求始终是设计的出发点，设计旨在满足需求，而生产则是将设计变为现实的手段。

哈尔滨歌剧院

作者：MAD 建筑事务所

　　马斯洛的需求层次理论强调了人类需求的多样性，既包括物质需求，也包括精神需求。因此，设计需要综合考虑不同层次的需求，从满足基本的物质需求到实现更高层次的精神需求。设计从劳动工具的制造开始，最初只追求实用性，然而，随后审美需求的出现，将审美与实用融为一体成为设计的原则。在商品社会，设计不仅要满足需求，还必须考虑经济效益，分析市场需求、消费观念、消费习惯和消费能力，以便在满足需求的同时实现良好的市场表现。

马斯洛的需求层次理论图

（作者自绘）

德国 Schwan Locke 酒店

设计：Fettle 设计工作室

2．从"物就是物"到"属于'人'的物"

为了适应现代社会的需求，本科人才培养过程需要与国家当前倡导的创新教育、人类舒适的生活方式、社会发展及制造大国向设计大国的转变政策密切相关。这为设计学科提供了广阔的发展前景和众多研究领域。因此，高等院校应该培养那些既具备坚实的科学技术基础又具备艺术创新能力的综合型高级专业技术人才。设计学的目标是在充分满足产品的使用功能和个体审美需求的前提下，促进人-物-环境的和谐统一，从而推动人类健康的工作和生活，促进社会的变革和发展。设计学的设计不仅仅是完成一个作品，这个作品也就是"物"更应该基于人的需求与环境发生关系。

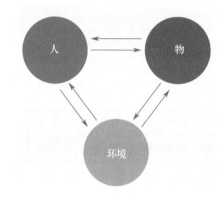

设计学中的"人-物-环境"

（作者自绘）

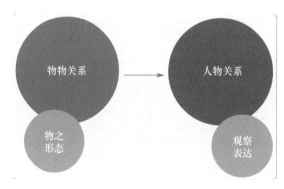

设计学中的物物关系和人物关系

（作者自绘）

当我们只考虑"物"的时候，只从美学角度考虑物的形态；而当我们考虑人与物的关系的时候，就要观察物存在的原因，如功能、作用、人员情感、社会意义等，然后从物物的比较中得出"物"所蕴含的形态特征；人与物的关系让"物"能鲜活起来。例如，关于笔的设计，往往会有这么几种情况：①设计一支笔，在这个命题下设计师要考虑的是笔的基本功能与作用、使用者的需求等。②为某一品牌设计一款笔，设计师要考虑的是品牌特色、这个品牌设计这款笔的目的、笔的造价及市场价值等。③设计一款文创产品的笔，设计师更多的是凝练文创特色，这时笔的功能作用已经不重要了。作为物品的"笔"在三个命题下本身是没有区别的，但是作为使用者关注的"物品"的笔的设计就大不相同了。

钢笔

设计师：邹沤　区均铭

指导老师：张剑（广州美术学院）

设计学研究的相关学科，其实是复杂和多维度的。最早的设计，可理解为艺术与技术的结合，艺术中的美术给人们提供了设计的美学基础，让设计作品引领人们的审美情趣，达到精神享受。而设计学发展到现在，更多的学科门类会叠加不同内容。例如，叠加文学，也就是说，设计作品不仅仅用图片表达，更多时候需要讲故事且有内涵。

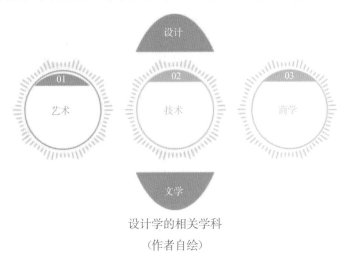

设计学的相关学科

（作者自绘）

　　20 世纪，设计的主要任务是满足人们的需求，这一理念体现在"少即是多"的设计原则中，至今仍然影响着主流的设计风格。然而，随着人们的物质需求逐渐得到满足，对美好生活的追求已经成为推动发展的新动力。因此，我们现在需要更多元化和个性化的设计以满足不同人的需求。新兴的制造技术，如增材制造、柔性制造和智能制造，为设计师提供了机会，使他们能够克服生产技术的限制，通过精确的大数据匹配，连接小众设计作品与目标用户，满足用户真正的需求。以包装设计为例，传统包装注重实用功能，而在"美好生活"时代，人们对包装提出了更高的精神、文化和情感需求，因此，许多品牌，如可口可乐、江小白和茶颜悦色等，开始定制图案和文字，利用人工智能技术甚至可以创造独一无二的产品包装。设计者可能会逐渐将极致形式美的工作让人工智能技术完成，以获得在工程方面的最佳解决方案。

可口可乐瓶身定制文字

图片来源：可口可乐官方微博

江小白包装设计

图片来源：江小白官方微博

茶颜悦色包装设计

图片来源：茶颜悦色官方微博

随着社会的发展和人们生活质量的提升，设计的功能逐渐多元化，人们对设计的情感层面需求不断增长。现代设计更加侧重情感性设计，注重设计的情感特质及用户的情感和心理反应。因此，设计不仅满足物质功能，还强调其精神功能。设计有能力激发深厚的情感共鸣，这些情感不仅影响购买决策，还给用户在拥有和使用设计产品时带来愉悦感。例如，人们经常讨论月饼、茶叶等的包装，不论是送礼还是自用都是需要包装的，自用角度的包装注重实用、安全、便利，而送礼角度的包装则需要美观、精致、体现品位、提升商品价值。

星巴克月饼包装

中茶一坛好茶包装

目前，欧洲国家，尤其是工业设计发达的意大利和德国，倡导一种被称为"情感设计"的理念。这一理念挑战传统概念，鼓励设计师将他们脑海中的创意付诸实践，甚至允许在设计中保留一定的缺陷，以便用户进行后续加工。例如，在荷兰出现了一种椅子，设计师故意将三条腿制作成不一样长，导致椅子稳定性不足。用户购买后需要自行调整腿的长度，这种非常规的设计成为西方流行时尚的一部分。设计师在解释他们的作品时强调，工业化生产的椅子形态相似，即使添加各种装饰也难以改变这一事实，因此，故意留下一些缺陷，鼓励用户参与二次加工，这不仅解决了工业化生产的问题，还赋予了用户自主参与的乐趣，更重要的是，设计师与用户共同完成了这款椅子的设计过程。

3．从"单线条"到"弹钢琴"

这是从设计思维角度来考虑的设计。设计的核心是"创新"，而创新的关键是具备创新思维。思维是人类大脑对客观事物的综合性反映，不仅能够反映客观世界，还具有影响客观世界的能力。思维具有多种特点，包括再现性、逻辑性和创造性。创造性思维，又称变革性思维，是指思维活动中的一种高级形式，能够揭示事物的本质、内外联系，产生全新、广泛适用的模式。这种思维过程是具有创新性的，处于思维层面的高阶段。它综合了抽象思维、形象思维、发散思维、收敛思维、直觉思维、灵感思维等多种思维形式，使其在思维领域达到协调一致。在一个设计作品完成过程中，要考虑的因素很多，主要有"实用性、美观性和经济型"三大方面，而每一方面又包含很多不同的内容，因此，如果从单线条考虑，容易出现顾此失彼现象。例如，建筑中的窗户玻璃选择，既要考虑采光，又要考虑隔热和隔声等要求，也就是说，在选择玻璃的时候设计师要掌握采光、隔热、隔声的基本原理并兼顾在一起同时考虑，否则就可能会在满足采光的同时达不到隔热要求。在此基础上，还要考虑美观和经济及施工技术等问题，因此，我们说设计是一个弹钢琴的过程，而不是一个单线条思考的过程。

美利道 2 号建筑外墙

美利道 2 号玻璃幕墙

作者：扎哈·哈迪德建筑事务所

例如，"手机"的设计，要考虑的因素包括：手机的外观、尺寸、手感等，手机的屏幕、界面设计等，手机软件，由手机带来的生活及生活空间的变化。手机刚出现的时候，可以用"身、手、钥、钱"概括出门的物件，而现在只要有"手机"就可以出行了，此时对手机的设计不仅是手机本身了，还需要考虑手机带来的变化，如空间变化（现代的火车站售票厅明显小了）。

HUAWEI Mate 60 Pro+

图片来源：华为官网

设计是科学与艺术的有机融合。在设计思维层面，科学思维和艺术思维的特质不可分割，它们共同构成设计思维的要素，使其成为综合性思维方式。科学思维，又称逻辑思维，是一种连贯而逐步展开的线性思考方式，它以逻辑抽象和总结为特点，利用抽象工具如概念、理论、数字、公式等进行推理和思考。艺术思维则以形象思维为主要特征，包括跳跃性、非线性和发散性思维方式，它以具体形象为基础，常常采用典型化和具象化的方法来思考。对于艺术家和设计师而言，形象思维是一种常见且灵活的思维方式，常用来构建、解构和创造丰富的表达形式。设计需要综合运用这两种思维方式，以构建和完善其表现形式。

在设计思维中，逻辑思维起着基础的作用，而形象思维则是其表现方式，两者相辅相成。在实际的思维过程中，这两种思维方式相互交织、相互渗透。从思维本身的特性而言，它常常是综合而复杂的。每个人的思维活动都是复杂的，通常涉及两种甚至三种思维方式的交替作用。举例来说，创造性思维不仅包含抽象（理性）思维，还包含具象（感性）思维，有时甚至需要灵感（顿悟）思维。因此，思维方式的分类主要出于科学研究的需要，而不是将人的思维划分为具体的类型。在设计思维中，艺术思维具有相对独立且重要的地位。设计师的主要任务是为产品创造美的外观、色彩、装饰等形式。为了完成这一任务，他们必须运用形象思维的方式。设计师在设计一个产品之前，在他们的脑子里必须形成了这个产品的形象。在复杂的设计过程中，科学思维所得的结果必须以形象的方式来呈现，因为最终问题变成了一个形象的构建问题。因此，艺术思维在设计过程中不仅贯穿始终，而且在设计思维中占据主体地位。设计思维本质上是科学思维的逻辑性和艺术思维的形象性有机融合的产物。在设计过程中，形象至关重要。然而，设计的艺术形象并非完全自由，它受到一定的限制。

设计必须在已有技术规范和潜在可能性的基础上，以产品内在结构的法则和合理的功能为依托。因此，设计需要依赖逻辑思维，采用概念、归纳、推理等规范作为基础，进行形象设计。在设计中，设计思维的逻辑性和形象性紧密关联，既具备理性又融合感性。

许多国际知名公司已将其企业文化和设计风格贯穿于各类产品中，展现出鲜明的整体产品形象识别风格。这种统一风格的呈现不仅有助于树立企业统一的品牌形象，还传达了企业特有的文化内涵。在产品的外观、材料、颜色等方面，反映了现代人的审美趋势和心理需求，从而促进销售。设计师需要具备敏锐的生活观察力，以需求为出发点，深入分析新产品开发所需的形状、功能、结构、材料、颜色、工艺等物质条件。此外，他们还需要分析市场、价格、环境、心理等精神因素，积极挑战传统框架，采用全新的理念，从整体出发，精准洞察消费者的需求，持续拓展设计的新领域。这样，产品设计可以真正以社会生活需求为基础，成为科学技术与文化艺术相结合的杰出成果。

HUAWEI Mate 60 工艺结构

图片来源：华为官网

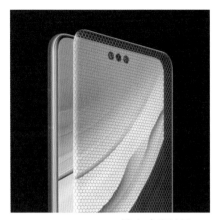

HUAWEI Mate 60 昆仑玻璃材料

HUAWEI Mate 60 材质

图片来源：华为官网

　　设计语言就是设计所传达的信息。用户第一次接触某种物品时，该如何知道使用方法，就是设计语言所要做的。设计如何显示出正确的操作方法就是找到合适的设计语言，设计形态要与操作意图和可能操作的行为之间发生相匹配的关系。设计必须确保形态与操作行为及操作效果之间保持紧密关联。实际状态的形态必须与用户的视觉、听觉、触觉感知相一致，以满足用户需求、意图和期望，确保设计的形态与用户之间的关系和互动得以顺畅体现，设计形态能够让使用者产生使用热情与情感，这些都是设计语言的研究范畴。

　　设计与经济密不可分，从设计动机到最终价值的实现都牵扯其中。这种经济属性意味着设计师需要具备一定的经济知识，特别是市场营销方面的知识。最终，设计的价值需要通过消费者来实现。因此，设计师应当熟悉消费者的需求，深刻理解他们的心理，把握消费文化，并预测未来的消费趋势，以确保设计作品能够满足消费者的期望，引导他们的购买行为，并实现设计在经济和社会层面的价值。虽然不要求每位设计师都成为经济专家，但缺乏对经济思维的了解将难以成就卓越的设计师。

　　例如，小汽车的设计，根据心理学的动机可分为三个主题系列，采用与各自主题相关的设计措施手段，可以达到不尽相同的目标。例如，**生理需要主题系列**的用户，多要求小汽车的配置基本具备即可，其心理特点是讲究实惠、注重价格。针对于此，在进行设计时尽可能降低成本。比较实惠的大众型小汽车有铃木奥拓、奇瑞 QQ。再如，**心理需要主题系列**的用户主要是在竞争激烈或社会变动的环境中稍有成就的人，需要小汽车除满足基本的行车需要外，还能体现事业成就。他们购买具有一定价格和一定品牌的小汽车，希望获得心理满足，在价格上希望是 10 万元左右，在品牌选取上希望其具备一定的品牌价值。针对于此，该主题系列的设计应采用在配置上具有舒适安全性，在造型上有一定的时尚性，且能与大品牌合资生产的方式，如天津一汽丰田的威驰、东风雪铁龙的爱丽舍、上海通用的赛欧、广汽本田的锋范等。**社交需要主题系列**的用户主要是事业有成者，其心理特点是希望博得周围人的好感、尊重或羡慕。针对于此，该主题系列的设计需突出友谊、尊重的主题，尊贵、高雅、大气，如我国的"红旗"、德国的"奔驰""宝马""保时捷"、美国的"林肯"等。

铃木奥拓

锋范

保时捷 Panamera

红旗 H9

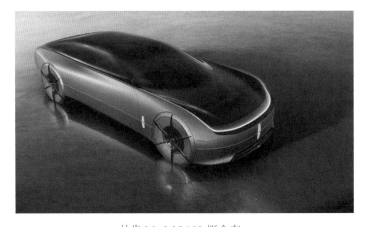

林肯 Model L100 概念车

▶ 三、从设计到设计作品

　　设计，当被看作一个动词时，代表着一个过程，也就是"计划一个过程"中的过程。那么，所有的设计都是"以问题为导向"而进行的，"问题"又从哪里来呢？其实问题就来源于关注设计作品的人。"设计作品"，此处是指设计的结果。通常的设计包含三个方面：设计史、设计理论、设计批评。对设计作品的评价就是设计批评，不同角度需求不同，评价标准和关注内容也不同。如果把设计比作电影创作，那么设计师一人要承担编剧、导演、演员、观众等角色，在创作过程中不断切换不同角色的思维，才能做出好的作品。下面从使用者、投资者、管理者三个不同角色角度来沉浸式分析各种角色对设计作品的关注点，从而分析设计问题的来源。

1. 假如你是使用者，你会说

设计产品的使用者，是设计活动中最重要的服务对象，而在过去的四十年间，使用者的称谓并非一成不变，而且持续有新的相关名词出现。因此，从产品使用者的称谓变化过程这个特殊的视角，我们能够窥见不同时期设计理念的发展变化。

时期	20世纪80年代	20世纪90年代	21世纪初	21世纪10年代
产品使用者的称谓变化	消费者 Customer	用户 User	参与者 Participant	共创者 Co-creator

产品使用者的称谓变化

20世纪80年代，是消费者一词大行其道的年代。消费者，作为设计过程及生产过程末端的产品购买者，可以说是一个由消费行为来定义的设计服务对象。伴随着商品经济的蓬勃发展，消费者开始在大众领域占据主流，意味着设计产品使用者的商业性质被放在更为重要的地位。随着这个词被广泛接受和运用，设计在关注功能的同时，也开始转向对消费者的研究。

消费者购买产品时，除满足实际需求外，通常也受到潜在心理需求的驱使。许多购物行为实际上是为了满足某种程度的心理需求。在物质生活高度发达的社会，人们对产品的精神层面的功能更加注重。这是一个注重形象的时代，随着物质条件的改善，人们的需求逐渐升华到更高级别，如美国心理学家马斯洛提到的"自我实现"需求。这一潜在的心理需求在生产和消费的循环中发挥着重要的推动作用。

消费需求驱动着生产，而设计是连接二者的关键。深入研究消费者需求并采用出色的设计方法是抓住市场的关键。然而，有一些前瞻性企业，如索尼公司，提出了"创造市场需求"的设计原则。他们认为，要完全准确地预测市场需求是不切实际的，因此，应该积极开拓市场，引导消费潮流，以提高生产的前瞻性和主动性，从而获得更大的回报。对于产品本身来说，卓越的产品质量是建立杰出品牌的基础。由于技术的广泛应用导致产品性能同质化，产品品牌形象已经成为消费者购物考虑的重要因素之一。过去的格言"好酒不怕巷子深"已经不再适用，产品需要多方面的设计在众多同类商品中脱颖而出。

时间推移至20世纪90年代，设计领域最重要的理论贡献之一——唐纳德·诺曼"以用户为中心"的设计理念，逐步深入人心。伴随着虚拟产品的兴盛、产品功能的近似和雷同，用户对产品的需求越来越个性化，同时对使用细节的关注也在增加，这与"以用户为中心"的设计理念内核不谋而合，即在设计过程中，不仅运用科学手段分析并预测用户使用产品的方式、效率、感受，还针对用户进行相关的行为测试，用以科学地验证假设的有效性。这些设计理念的转变，让设计的决策过程必然需要转向对用户自身的心理感受及行为效率的关注上。

与此同时，"消费者"一词也逐渐显露出不足，当设计师只把设计服务对象描述成顾客或消费者，设计有可能过于屈从市场热点，而违背设计服务于人民的美好生活的初衷。只有当设计变成一个围绕提升用户体验的问题解决过程，关注用户在使用细节上的感受和痛点时，才能在这个技术日新月异的时代，让设计产品回归到"人"这一原点。

从"消费者"到"用户"的称谓转变，背后也是设计一词内涵的扩充和发展。设计不再局限于功能和外观，而是伴随着人因工程、认知科学、心理学等学科的加入，变得愈发多维化、全栈化，贯穿于产品的生命周期始终。通过用户研究、信息架构、原型设计、用户测试等多重方法和手段，将用户的需求放在整个设计流程的核心地位，让产品的个性化定制变得更加丰富多元，同时也大幅度提升了产品在使用过程中的效率和用户愉悦程度。

在千禧年后，参与者和共创者开始进入学界视野，并引起重视。两者在内涵上有相似的脉络，都强调产品的使用者不再仅仅出现在产品的终端，而是贯穿整个设计流程。尤其是在以数字文化崛起为代表的后工业时代，设计不再仅仅关注传统工业设计的功能和外观，而是开始扩展至虚拟的维度，如体验和服务，因此，多主体合作的趋势让原本位于产品终端的使用者成为设计过程的一个积极的推动因素，让设计向更好的方向发展完善，从而创建更为复杂多维的解决方案。

参与者和共创者虽然不是日常生活中常用的使用词汇，但是代表着极具发展潜力的新兴设计理念，即参与式设计。参与式设计强调合作协同，适合应对全球性的重大且复杂的问题，如气候问题和环境问题，显然，这类问题无法使用单一手段解决，而是需要多主体、不同利益相关者共同作为设计过程中的能动因素，从不同利益角色的特有视角，提供以协同共赢为目的的解决方案。

Apple Vision Pro

图片来源：苹果官网

值得一提的是，这些词汇并非彼此取代的关系，而是始终共存的关系，配合不同的设计场景和设计诉求而使用，消费者和用户仍然是流通及使用率最高的词汇。需要注意的是，产品使用者的称谓变化背后，是不同时代产生的不同设计理念，理解变迁背后的设计内涵，能够帮助我们更好地理解设计的服务对象。

对于使用者而言，需求其实是最直接的问题源，但是，由于大多数使用者并不专业，甚至有些使用者对问题的描述都不是很精准，因此，一方面设计师需要从人性分析的角度尽可能去揣摩使用者的真正需求，另一方面设计师需要采取多种手段与使用者产生共鸣，达成共识，真正理解摸透需求，从而找到设计的真问题。例如，有学生通过观察发现，每次会议等集体性活动结束，都会有大量存水的矿泉水瓶，他觉得这是一种浪费，于是他想的一个办法是收集这些水重新处理使用，从某种意思上来说，这个办法没有问题，但有两点值得注意：这个解决办法是否是"设计学手段"；浪费的真正原因是水过量，如果适量就没有多余的了么？因此，从设计学角度来说，使用者最关心的应该是适量而不是水的收集和处理。

2．假如你是投资者，你会说

随着时代的发展，设计与经济有割舍不清的关系。其实，设计与商学就有前所未有的紧密关系。例如，一个房地产开发商，他考评一个设计作品的关键是有没有最大限度把土地利用好，建更多的房子，毕竟每平方米建筑都是可以量化的价值。因此，投资者的视角必然涉及从战略层面考虑如何让设计实现经济价值的最大化，如何把控项目的实现条件和制约条件，以及如何实现用户留存与商业变现，成为投资者的关注重点。理解投资者的视角,能够帮助设计师从宏观维度获取看待设计的全新视角。设计在经济体系中扮演了重要的角色,它与生产和消费密切相关,将设计与经济联系起来。设计的一个重要任务是创造经济价值,出色的设计通常能为产品带来附加价值,进一步促进社会经济的发展和进步。

三千渡住宅小区
设计:众建筑

投资者需要将眼光放在更为长期的发展上,预测未来场景,识别未来趋势,由此制定相应的战略对策。在理想状况下,一个商业组织的设计能力,应该与该组织的长期战略目标保持一致。然而,现实中的常见情况是,部分投资者过于看重短期效应,对设计能力不重视,导致产品可替代性高,长期处于生产链低端,难以适应我国经济向高质量发展的时代趋势。因此，投资者同样需要理解设计的价值，也将因此而获益。

（1）设计是创新链的起点

作为一门强调创新思维和创新实践的学科，设计的创新不仅仅限于某种新技术的发明，更在于通过创造性的整合，打通科学技术和社会文化的共融渠道，将不同主体创造性地组合运用，形成良好的企业文化和创新氛围，最终形成企业生存的核心竞争力。

例如，知名瑞典家居品牌宜家，能够在全球范围内受到欢迎，不仅仅在于相对低廉的价位，更重要的因素在于宜家解决年轻消费者的痛点，将易用易居的设计融入生活细节，利用模块化设计的灵活变通，创造性地形成不同风格，同时配以高效完整的采购物流系统及售后保障体系，最终形成宜家品牌的核心竞争力。

（2）设计是价值链的源头

设计是创造商品更高附加值的途径。在竞争激烈的消费市场中，不同层次的消费者对同类商品有不同的期望。当商品满足基本的实用需求后，人们开始寻求更高层次的需求，如个性化、稀缺性和品位。为了满足这些更高级别的需求，商品的附加值也必须提高。

例如，将一块普通手表与一块瑞士劳力士手表相比，它们之间的价格差距巨大。这种差距不仅仅因为品牌，还因为商品具有的稀有价值、心理价值、设计价值等。虽然它们的制造成本可能相对接近，包括原材料和加工成本，但商品的外观设计、包装、销售策略及品牌广告等都为产品赋予了"名牌效应"，这使它们的价格相差数倍甚至数十倍。这正是设计所创造的经济效益。

iF 产品设计奖获奖作品——杭州天堂"竹语"伞

（3）设计创造需求和消费

根据马斯洛的需求层次理论，当今社会，人民的生活水平稳步提升，对"物"的基本需求已经基本满足，人们倾向于追求更高层次的需求，如个性、品位及特定的身份和文化认同。设计在满足这种"知"的需求方面发挥着至关重要的作用。时代需要设计产品，既要能够满足人们对美好生活的需要，又要提供人们喜闻乐见、直击痛点的设计之物。伴随着生活水平的提高，设计的价值也愈加凸显在对生活方式的引领上，例如，可穿戴式设备的出现，让个体能够对医疗健康类信息进行自我管理和检测，包括体重、心率、含氧率等。设计不仅体现在让可穿戴式产品更为小巧易用，也体现在虚拟维度，人们通过交互方式的创新对自我进行健康管理，从而形成更加自律和健康的生活方式。除了对生活方式的引领，在全球化趋势的弊端日益凸显的当下，盲目追逐进口产品的趋势日益式微，人们更关注自身文化身份的构建，设计的价值同样也体现在对文化认同的强化和传承。例如，文创类设计的崛起，不仅让地域文化成为极富魅力和趣味的亮色，也让年轻一代和文化之间形成全新纽带，为地方商业经济的创收提供新的增长点。

巴塞罗那椅
作者：密斯·凡·德·罗   莉莉·雷奇

3. 假如你是管理者，你会说

在当今市场中，由于商品同质性的普遍存在，设计必须具备独特性和辨识度，否则容易被忽视和淹没于竞争之中。设计已经成为有雄心壮志的企业所普遍认同的关键工具，用以打造企业形象和增强品牌的影响力。企业的竞争力，在某种意义上就是设计的竞争力。企业的管理者，应以设计驱动企业核心竞争力，将设计思维引入管理策略，以创新业务的模式、优化高效的流程，最终实现产品和服务的价值创造，形成稳定的客户留存。

斯坦福大学 Hasso-Plattner 设计学院提出的五阶段设计思维模型为商业管理领域引入了一种创新性的方法。该模型包括问题共情、定义、构思、原型和测试五个关键步骤。通过这些步骤，企业可以全面了解用户需求，并以创新的方式解决问题。在商业管理领域应用设计思维模型，有助于打破传统思维的束缚，激发团队创造力，提升解决问题的效率。企业能够灵活应对市场变化，实现可持续的创新和业务发展。

（1）共情：运用一定的调研手段了解设计对象。

（2）定义：确认目标受众的需求，明确需要解决的问题及问题的优先级。

（3）构思：运用创造性思维提出解决方案，并在现实的约束条件下合理规划落地方案。

（4）原型：动手设计草图，制作原型，实现方案的具体化、细节化。

（5）测试：搜集反馈，考察效果，持续改进优化。

产品设计流程

斯坦福大学的 Hasso-Plattner 设计学院提出的设计思维模型，体现了设计对产品隐形竞争力的提升。在现代高度发展的物质社会中，产品竞争激烈而严峻。仅依赖产品本身的质量难以在众多产品中脱颖而出。消费者的注意力成为市场的必争之地，而设计在其中的作用不容小觑。大到企业的品牌形象，小到产品的包装外观，广到企业的广告营销，细到产品功能的包容性设计，设计广泛地参与到这些赢得消费者的决定性因素中，发挥着不可忽视的作用。设计师是企业的无形财富，在消费者和产品之间创造高于使用价值的情感纽带，在这样一个"情感消费"的时代，一旦企业加大对设计的投入，就会得到更多的回报。

除了以上设计产出，设计思维在企业进行商业管理和市场决策时，同样体现出独特的价值。例如，一个着眼于长远发展的企业必然会积极把握市场潜力，设计以其创新的视野及对未来生活方式的预测，能够在一定程度上挖掘新的市场潜在点，布局更丰富的产品线，扩展收入来源。同时，设计思维与纯粹以营利为目的的传统商业模式相比，更注重对消费者的同理心，通过体验和服务的提升，打造更具人性化的企业形象，从而获得更高、更长久的消费群体认可。

由于技术壁垒不再高高在上，一台电视机在当下愈加白热化的市场竞争中，利润可能仅为 100 元甚至更少。那么有什么方法能够有效提升企业的软实力呢？毫无疑问，是设计。设计对产品附加值的提升，更多的是"于无声处听惊雷"。高效愉快的使用体验，润物无声的服务流程，贴合目标人群的社交媒介形象，这些都成为企业争夺市场的强大竞争力，也是设计思维发挥其专长的时刻。

设计创新为市场竞争力带来显著优势，在众多市场品牌中表现明显。恩格斯曾称"思维着的精神"为"地球上最美的花朵"，而创新则是这最美花朵所结出的丰硕、珍贵的果实。随着社会的不断发展，人的需求不断升华，引入商业管理的设计思维已经掀起了巨大的热潮，甚至有人将创意设计看作"21 世纪企业经营成功的最后关键"，体现了设计在商业顶层架构上同样发挥着不可替代的作用。

4. 假如你是设计师，你会说

设计是构思、规划和预测，是人类为实现特定目标而进行的创造性活动。

一个优秀的设计师，需要敏锐地洞察目标受众的需求。设计活动的服务对象有鲜明的社会属性，包括地域、民族、文化、信仰，也包括性别、年龄、职业等，相应地，心理特征与需求痛点也不尽相同。因此，设计师必须从关心人的特色属性和心理特征开始，尤其需要保持对弱势群体的关注，如老人、残疾人、贫困人群、儿童等。关心、共情、理解是设计师必不可少的能力。正如在影响了一代代设计师的设计理论专著《为真实的世界设计》中，作者维克多·帕帕奈克犀利的宣言所述，设计师应直面真实世界，不能只为富人设计，对设计师来说，更为稀缺的能力是强大的道德力量和社会责任感。

创新也是优秀设计师不可或缺的能力。过去，由于技术的落后，中国经济一度不得不依赖"拿来主义"，同时也被迫在一定程度上"以牺牲市场换技术"。正如林家阳教授所强调："中国目前仍然陷入不平衡的资源交换，用宝贵的资源获取微薄的回报，创新设计在中国仍处于起步阶段。随着经济的蓬勃发展，我们积累了更多的自主知识产权和核心技术。然而，当下最为紧迫的任务是唤醒每位设计师的创新意识。"

一个好的设计师，需要明确设计在不同层次的价值。

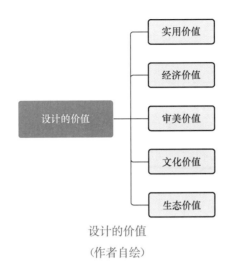

设计的价值

（作者自绘）

（1）实用价值

设计的核心价值之一在于其实用性，这是其与艺术区分开来的重要特点。"食必常饱，然后求美；衣必常暖，然后求丽；居必常安，然后求乐。"从这句话可以看出，我国古代思想家墨子早在先秦时期就已经把功能性和实用性作为基本需求。包豪斯大师格罗佩斯对此也说得非常明确："既然是设计的产物，当然要满足一定的功能要求，无论是花瓶、椅子还是房子，首先都要钻研它的本质：必须绝对服务于它的目的。简而言之，设计需要实际满足实用功能，因此应该注重实用性。"一旦设计忽略了功能需要，产品就会流于华而不实。

红点奖获奖作品——Textured Vase

作者：Tan Yingyi

（2）经济价值

切实符合大众利益的实用设计，往往也能为设计带来良好的经济价值。市场反馈和商业利润是促进设计产品完善自身的重要因素，而激烈的商业竞争也必然淘汰一批劣质的、不符合消费者期望的产品。对经济价值的追求，在一定程度上能够通过市场竞争带来设计品质提升的良性循环。不过，一味片面地追求经济价值，也可能造成盲目追求市场热点、收割短期利益等问题，导致低劣的设计泛滥。

（3）审美价值

虽然设计不能直接等同于艺术，但设计对审美价值的追求是与艺术一致的。艺术思维，也就是形象思维，是设计思维有别于传统科学研究的特色所在，在设计思维中，这个元素的地位独特且至关重要。创造美，包括形态、色彩、造型，是设计师的重要任务，也必然离不开丰富的艺术修养和独到的审美趣味。美对提升品牌好感度和产品附加值有着不可忽略的重要作用，好的设计师同样是美的创造者。

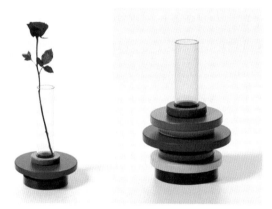

红点奖获奖作品——Memphis Vase

作者：Yang Hyunbin

（4）文化价值

设计创新脱离不开它所处的时代背景。一方面，文化的繁荣是设计发展的绝佳外部条件；另一方面，设计也是文化发展的重要内在驱动力之一。人类的设计史和人类的文明史一样漫长，在这几千年的历史长河中，无数时代印证了这点。可以说，中国的设计史是中华文明创新历程的重要组成部分，代表了中国经济、文化、科学和艺术的发展。民族的才是世界的，好的设计能够强化文化认同，传承文化静思，辐射文化精髓，成为塑造民族文化精神的一部分。

（5）生态价值

面对日益严峻的气候问题和环境问题，人类的发展在达到前所未有的文明高度的同时，也愈加受限于资源短缺、生态恶化带来的恶果，因此，可持续发展逐渐成为全球性的共识。设计需要关注真实世界的严肃议题，必然也需要将设计的生态价值考虑在内。可持续性设计、绿色设计、生态设计应运而生，通过优化设计环节的相关因素，将设计过程中对环境的负面影响降到最低，成为越来越多设计师的共识，也诠释着设计师的社会责任感和道德感。

设计涵盖设想、策划、规划及预算，是指将计划、规划、构思、设想和问题解决方法通过视觉手段传达的过程。这一过程包括三个核心方面：首先是计划和构思的形成；其次是通过视觉方式传达计划、构思、设想及问题解决方法；最后是具体应用计划传达后的实施。

近几十年来，设计师和理论家根据设计的不同目标将其分为四大类：第一是视觉传达设计，目的在于信息传递；第二是产品设计，专注于产品的实际应用；第三是环境设计，旨在创造宜居环境；第四是幻想设计，包括动漫和游戏设计，致力于创造富有创意和幻想的体验。

福田繁雄是被西方设计界誉为"平面设计教父"的杰出设计师之一，与冈特·兰堡和西摩·切瓦斯特并称为当代"世界三大平面设计师"。福田繁雄的作品以"经济而简洁，同时充满复杂多变的特点"而闻名于世。他一贯弃旧迎新，系统地不断地创新各种创意，并将它们融合得相得益彰。正是通过不断的创新，福田繁雄始终能为人们带来崭新的视觉享受。

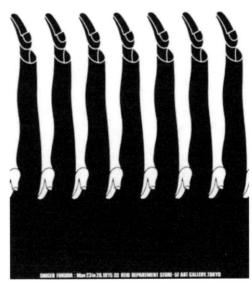

京王百货宣传海报
作者：福田繁雄

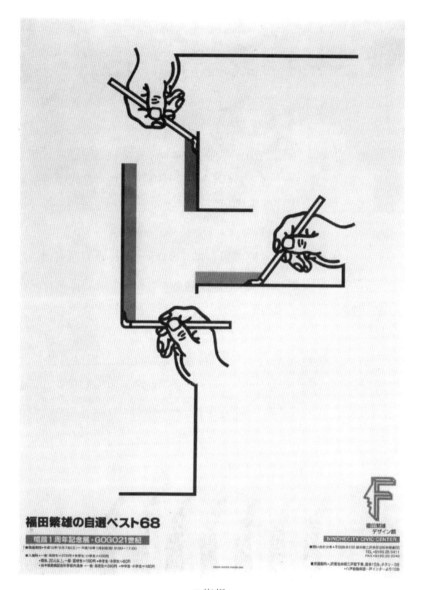

F 海报

作者：福田繁雄

伴随着社会经济的发展和科技文化的繁荣，设计工具在迅速更新，设计内涵也在不断扩充，这也为设计师如何适应这样一个动力与压力并存的时代提出了更高的要求。无论是为了个人成长，还是应对外界的竞争，保持终身学习的自觉都是新时代的设计师最为核心的竞争力所在。设计师是以创造性活动为主的职业，勤学的自觉是激发创造活力的重要源泉。对于设计师而言，终身学习并非一股脑地追逐新技术、新工具，这样往往会陷入速成主义的误区，导致学而不精。终身学习需要设计师关注社会经济和科技文化的前沿问题，保持敏锐的时代洞察力，将激烈的社会竞争转化为自我内在成长的动力，将职业技能的打磨作为一种长期主义的自我要求。除了利用继续教育平台进行提升，不断在实践中打磨自身的沟通技巧、精力管理、思维能力等都是保持终身学习积极有效的途径。

新时代的设计师不再仅专注于特定技能的打磨或沉醉于审美和品位，而是精于技、敏于时、律于德，以高度的自律和时代责任感同时兼备终身学习的开放性，这样才足以应对愈加复杂和多元的设计发展趋势。

第 二 篇

课题训练篇

玩转甲骨文

课程名称：综合设计基础

课题名称：玩转甲骨文

课题要求："综合设计基础"是设计学专业的大类平台课之一，主要是设计形态的训练、设计思维的转换。

作业要求：设计并制作以甲骨文为设计主题的三维实体字。

作业尺寸：高 1.2 ~ 1.5 米，长宽不限。

作业数量：1 件。

作业时间：16 课时。

完成作业形式：3 ~ 5 人团队合作。

▶ 一、课题任务

1. 查找资料，自主学习甲骨文相关历史与文化知识。

2. 选择一个甲骨文文字进行字形的三维设计，选用适当的材料，制作高度为 1.2 ~ 1.5 米的实物。

3. 记录全部设计与制作过程，进行课题总结汇报。

▶ 二、课题训练目标

培养学生对三维空间形态中空间、体积、材质等要素的基本认知，理解它们之间的联系与组织形式法则；培养学生对空间形态的感受能力、塑造表现能力，以及对不同色彩、材质、肌理的应用能力。

1. 训练学生的三维思维和空间造型能力。要求学生在完成训练的过程中，解放思想，既忠于原有字形的基本结构，又不拘泥于原有字形的固有形式，能够对平面字形进行解构和空间重构，在立体空间的维度重建字形结构。

2. 训练学生对各种设计材料的使用能力。学生通过本次课题可以学习到不同材料的轻重、粗细、长短及可塑性等属性，自主学习各种材料组装构型的方法，解决三维实体的平衡问题等；认识到不同色彩在不同材料上的表现，实验不同材料之间的质感与肌理组合对比呈现方法等。

▶ 三、教学引导

1. 学习如何开始一个课题——资料查找、背景调查、主动学习与深度思考

培养学生养成查找资料和调查背景的好习惯，深入了解课题的背景知识，了解目前已经开展的相关领域研究和实践成果，知道什么是已有的，什么是创新的，以学习和积累知识为完成课题的目的，不以主观臆断、凭空想象、以偏概全等错误形式开展设计工作。

甲骨文"鼎"字的资料收集与分析

作者：李淑梅　黄依情　卢嘉茹　朱思瑞

指导老师：王萍

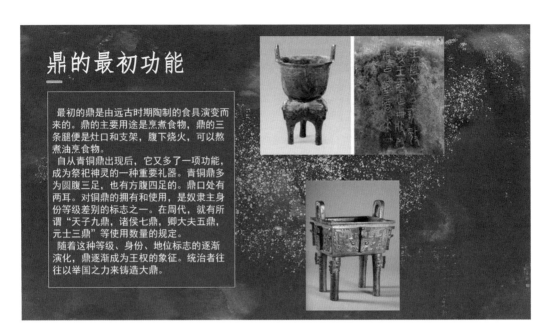

鼎的最初功能

最初的鼎是由远古时期陶制的食具演变而来的。鼎的主要用途是烹煮食物，鼎的三条腿便是灶口和支架，腹下烧火，可以熬煮油烹食物。

自从青铜鼎出现后，它又多了一项功能，成为祭祀神灵的一种重要礼器。青铜鼎多为圆腹三足，也有方腹四足的。鼎口处有两耳。对铜鼎的拥有和使用，是奴隶主身份等级差别的标志之一。在周代，就有所谓"天子九鼎，诸侯七鼎，卿大夫五鼎，元士三鼎"等使用数量的规定。

随着这种等级、身份、地位标志的逐渐演化，鼎逐渐成为王权的象征。统治者往往以举国之力来铸造大鼎。

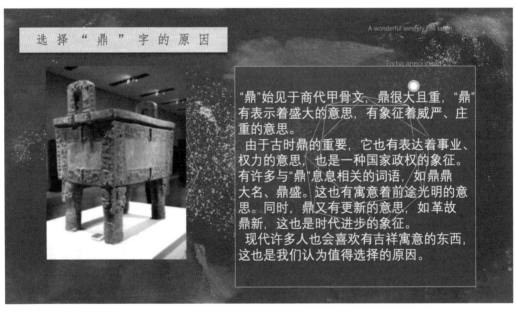

选择"鼎"字的原因

"鼎"始见于商代甲骨文。鼎很大且重，"鼎"有表示着盛大的意思，有象征着威严、庄重的意思。

由于古时鼎的重要，它也有表达着事业、权力的意思，也是一种国家政权的象征。有许多与"鼎"息息相关的词语，如鼎鼎大名、鼎盛。这也有寓意着前途光明的意思。同时，鼎又有更新的意思，如革故鼎新，这也是时代进步的象征。

现代许多人也会喜欢有吉祥寓意的东西，这也是我们认为值得选择的原因。

甲骨文"鼎"字的资料收集与分析

作者：李淑梅　黄依情　卢嘉茹　朱思瑞

指导老师：王萍

汉字羊的演变

(說文解字 篆體字)

(金文)

(甲骨文)

甲骨文密码

【其他解读】

"羊"是"祥"的本字。羊，甲骨文像两角弯曲、两鼻孔在鼻尖上形成"V"形的动物。造字本义：两角弯曲、性情温顺的食草动物。有的甲骨文在弯角与鼻尖之间加一短横。金文承续甲骨文字形。有的金文突出弯曲的尖角。篆文基本承续金文字形。隶书则将篆文字形中类似"草头"的羊角形状写成标准的"草头"，至此，羊角、羊嘴的形象消失殆尽。作为温顺的食草动物，羊比一般的山兽更肥美，也更容易猎捕，所以羊成为远古祖先重要的肉食来源；也因此羊常被用于祭祀，并引申出吉利、吉祥的含义。当"羊"的"吉利"的引申义消失后，再加"示"另造"祥"代替。

甲骨文"羊"字的资料收集与分析

作者：高瑜彬　蔡心蔚　何泽恩

指导老师：王萍

"龙"

"龙" 早在甲骨文诞生的上古时期就出现了，为象形字。但是古人真的见过龙吗？

在二十四节气尚未确立之时，古人就会观天象安排耕种活动，青龙七宿是他们主要观测的星象。而将青龙七宿的星星依次相连接，就得到了甲骨文"龙"字。

后来，古人给龙字赋予更多神话意义，脱离了观象时的意义，龙成为极具东方色彩的神兽。

文字转变

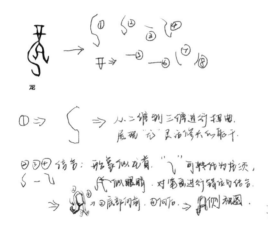

- 将龙的笔画拆开进行排序
- 结合文字和意象对笔画①进行三维转换，体现龙身躯
- ②，③，④笔画结合，将4后移，②前移，进行二维到三维的转变，展现龙头的特点
- 对⑤，⑥，⑦，⑧笔画则进行延长和镂空

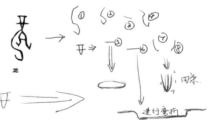

甲骨文"龙"字的资料收集与分析

作者：刘阔　许漪琳　宋南希

指导老师：王萍

2. 学习如何推进一个课题——设计管理

帮助学生制订工作计划和时间表，要求严格按照时间表开展工作，培养时间和效率观念，使学生建立起合理计划、有序推进、按时完成的设计管理观念。

时间安排规划

- 2020.12.12至2020.12.13查找资料确定结构
- 2020.12.14至2020.12.17制作完成
- 2020.12.18至2020.12.19调整整体
- 2020.12.19至2020.12.20制作PPT
- 2020.12.21展示汇报

学生团队的时间计划

作者：高瑜彬　蔡心蔚　何泽恩

指导老师：王萍

3.学习如何在团队里工作——分工合作、不同意见的协调、个人与团队关系的处理

课题以 3～5 人的团队合作形式开展，学生将学习如何在团队里工作和如何最大化发挥自己的作用，学习分工、合作、讨论、协调、让步、推进等必不可少的设计师品质。

学生团队的合作过程

作者：李淑梅　黄依情　卢嘉茹　朱思瑞

指导老师：王萍

甲骨文"星"字制作过程

作者：陈思羽　潘虹羽　徐玉洁

指导老师：王萍

4. 学习如何总结汇报——过程记录、目标分析、设计方向把控、总结分析

强调过程记录的重要性，培养团队分析问题、解决问题的能力，培养学生回顾课题过程、分析得失的习惯，引导学生将注意力放在课题训练过程中团队和个人成长进步及过程的收获上，而不仅仅关注作品的成败。

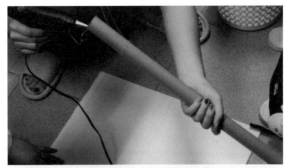

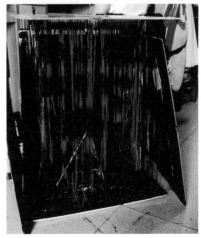

作业过程记录

作者：潘思圆　孙嘉敏　吴雪铭

指导老师：王萍

四、评价标准

——整体和细节的空间想象与构造能力，以及字形的准确表现、材质的运用与组合、色彩运用、肌理构造等综合能力。

——发现问题与解决问题的能力。

——设计管理与团队合作能力。

——汇报、总结、分析与反思能力。

五、课题知识分享与预想交流提纲

1. 甲骨文的历史背景与研究意义。

2. 甲骨文作为图符的字形特点分析。

3. 我喜爱的甲骨文文字。

4. 我的甲骨文文字如何变身（绘制草图、制作 1∶4 的草模）。

5. 对课题任务将要遇到的困难进行估计。

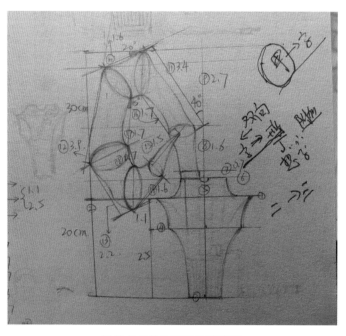

甲骨文"羊"字的设计草图

作者：高瑜彬　蔡心蕊　何泽恩

指导老师：王萍

甲骨文"星"字的设计草图

作者：陈思羽　潘虹羽　徐玉洁

指导老师：王萍

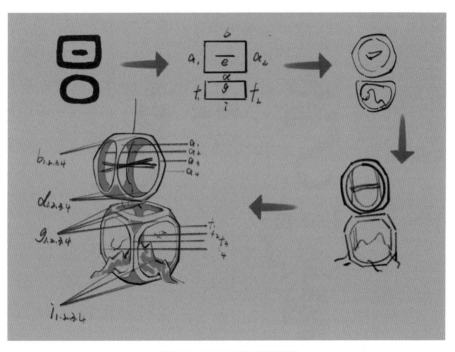

甲骨文"旦"字的设计草图

作者：蔡晓燕　范梓程　邓璐

指导老师：王萍

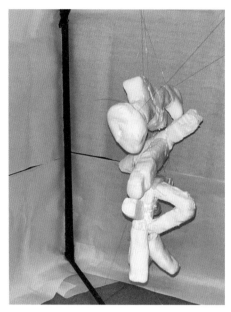

甲骨文"家"字的设计草模

作者：曾晴　唐恩慧　龚悦　陈沂　周心韵

指导老师：王萍

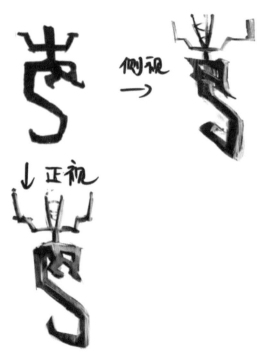

甲骨文"龙"字的设计草图

作者：刘阔　许漪琳　宋南希

指导老师：王萍

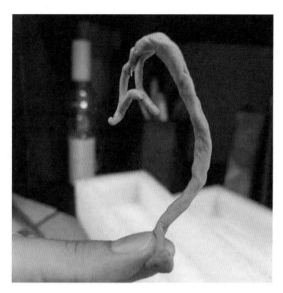

甲骨文"龙"字的设计草模

作者：刘阔 许漪琳 宋南希

指导老师：王萍

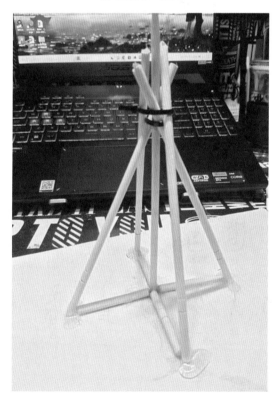

草书"才"字的设计草模

作者：刘明堃 邓霖

指导老师：王萍

六、问题与方法

1. 一个好的开端（选择适合变形的文字）

目前发现的甲骨文单字有 4500 ~ 5000 个，其中考释成功的单字约 1500 个。甲骨文文字字形格局对称、稳定，多以长方形为主，方圆结合，具有象形图画的痕迹，既稚拙又生动。

文字是平面的，对于汉字来说，更加呈现出构架严整、对称的独特结构。越是构架严密、字形繁复的文字，在进行文字解构与空间造型的时候，困难越大。因此，在选定甲骨文主题字时，选择一个字形灵巧、本身富于动感、形态生动活泼的文字，是保证设计顺利开展的良好开端。

适合作为设计主题的甲骨文文字

2. 只是把字做厚了吗

仅仅将字做厚，是学生在提出设计方案时非常容易出现的问题。三维空间造型并不仅仅是使形态具有一定体积、占据一定的空间，而是要有效利用空间，探索在不同维度造型的可能性。因此，字形的线条走向、形态构造、要素连接应该在高度、宽度和深度三个维度展开，呈现出有机的空间构造。其中，高度维度是垂直方向的维度，通常与字形的立体感和高低关系有关；宽度维度是水平方向的维度，与字形的宽度、形状和轮廓有关；深度维度是与字形的前后位置和空间关系有关的维度。通过综合考虑和探索这三个维度，学生可以创造出具有丰富立体感和有机空间构造的字形或形状，从而更好地表达设计的意图和美感。

甲骨文"鼎"字主体

作者：李淑梅　黄依情　卢嘉茹　朱思瑞

指导老师：王萍

甲骨文"家"字主体

作者：曾晴　唐恩慧　龚悦　陈沂　周心韵

指导老师：王萍

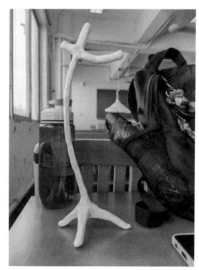

甲骨文"戈"字的形态

作者：杜思远　杨梓健　陈煜之

指导老师：王萍

3. 一定是中式风格吗

对于甲骨文的主题和选字，学生在提出设计方案和制作作品时很容易想到中式风格、中式意境等，这对学生理解和弘扬传统文化来说是不错的表现。但并不一定要呈现中式风格，也可以通过对不同的字体结构理解、不同素材的运用来有效地体现和表达空间，探索更多不同风格的可能性。

甲骨文"家"字作品
作者：曾晴　唐恩慧　龚悦　陈沂　周心韵
指导老师：王萍

甲骨文"宫"字作品
作者：黄楷程　刘中深
指导老师：王萍

4. 让字形在三维空间里活起来

应正确设置字形的走向：垂直、水平的字形和线条走向容易实现平衡，也具有较好的稳定感，而斜向的轴线富有动态感。

应建立主要、次要和附属的关系，利用不同组成部分的体积、形态和节奏的比例关系增加彼此的特性，使设计更具有空间感。

甲骨文"帝"字的三维形态
作者：罗乙　梁盛钧
指导老师：王萍

甲骨文"羊"字的三维形态
作者：高瑜彬　蔡心蔚　何泽恩
指导老师：王萍

甲骨文"孕"字的三维形态
作者：杨玮炫　周梓洵　杨思埼
指导老师：王萍

甲骨文"龙"字的三维形态
作者：刘阔　许漪琳　宋南希
指导老师：王萍

5．怎样让字站住

　　如何实现实体字的平衡是训练过程中常面临的难题。这时需要对字形本身的重心
进行再次思考，然后通过调整或在制作过程中增加下部重量、增加支架、增强内部结

构的支撑强度等解决这个问题。解决了这个问题，学生将意识到，设计不仅仅是头脑中的设计图，在将其转变为实物时，如果设计方案考虑不周，与实际制作工艺之间往往会产生一定的矛盾，导致设计无法实现或效果大打折扣，因此必须根据实际情况开展设计，并周到详尽地考虑可能遇到的实际问题。

甲骨文"晶"字作品支撑

作者：李淑梅　黄依情　卢嘉茹　朱思瑞

指导老师：王萍

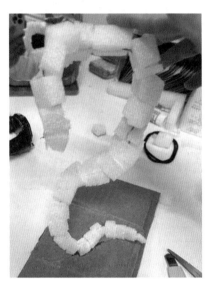

甲骨文"龙"字利用铁丝固定结构

作者：刘阔　许漪琳　宋南希

指导老师：王萍

甲骨文"福"字作品支撑

作者：潘思圆　孙嘉敏　吴雪铭

指导老师：王萍

甲骨文"旦"字利用铁丝框架立住

作者：蔡晓燕　范梓程　邓璐

指导老师：王萍

6. 什么造型才好看

一个好看的造型通常具有良好的平衡感。在设计中，平衡是确保实体字或其他元素能够稳定站立或呈现出视觉上的均衡的关键因素之一。

平衡可以分为两种类型：对称平衡和不对称平衡。其中，对称平衡意味着元素在中心轴线两侧具有相似的重量和形状，从而创造出一种稳定和谐的外观；不对称平衡则涉及不同元素的平衡，其中较大或较重的元素可以通过适当的布局和调整来与较小或较轻的元素达成均衡。为了实现好看的造型，学生需要对字形的重心深思熟虑，通过调整或增加下部重量、加强支撑结构等方法确保平衡，最终呈现吸引人的外观。

甲骨文"羊"字造型推敲

作者：高瑜彬　蔡心蔚　何泽恩

指导老师：王萍

甲骨文"龙"字结构打磨细化

作者：刘阔　许漪琳　宋南希

指导老师：王萍

甲骨文"羊"字造型推敲

作者：高瑜彬　蔡心崣　何泽恩

指导老师：王萍

甲骨文"鼎"字造型推敲

作者：李淑梅　黄依情　卢嘉茹　朱思瑞

指导老师：王萍

甲骨文"星"字造型推敲

作者：陈思羽　潘虹羽　徐玉洁

指导老师：王萍

7. 这样配色更精彩

平衡在配色中起着重要作用。平衡色彩意味着在整体设计中分配颜色，确保各部分的视觉重量相等。

对比也是关键之一。对比色彩可以强化设计的视觉吸引力，使元素在背景中更突出。通过巧妙地组合互补色或使用冷暖色对比，可以营造令人难以忽视的效果。此外，考虑形状和情感元素也是精彩配色的要点。不同的形状和颜色可以传达不同的情感和信息。例如，圆形和温暖的色彩传达温馨和友好，而锐利的角度和饱和度较高的颜色传达活力和刺激感。

在设计中，配色是一项复杂的任务，需要考虑平衡、对比、形状和情感元素，以创造出令人印象深刻、吸引人的视觉效果。当这些要素相互协调时，配色才会更加精彩。

甲骨文"福"字配色

作者：潘思圆　孙嘉敏　吴雪铭

指导老师：王萍

甲骨文"孕"字配色

作者：杨玮炫　周梓洵　杨思埼

指导老师：王萍

甲骨文"旦"字配色

作者：蔡晓燕　范梓程　邓璐

指导老师：王萍

甲骨文"贝"字配色

作者：邱文鹏

指导老师：王萍

8. 多一些肌理,加一些细节

在设计中,为了增强吸引力和表现力,往往需要在元素上添加更多的肌理和细节。多一些肌理可以使设计丰富和引人注目。肌理是关于表面质感和视觉纹理的元素。通过添加纹理、图案或细微的细节,设计可以变得有深度,人们可以感受到物体的质感和实体性。这种质感可以让观众更深入地探索设计,从而产生更多的兴趣和情感共鸣。

此外,加一些细节可以提升设计的精确性和可视性。细节是小元素、精确的线条和微小的特征。它可以帮助定义整体结构,使设计更加清晰和易于理解。最重要的是,肌理和细节可以帮助传达故事和情感,强调设计的主题、历史或文化背景,从而为观众提供更深刻的理解和情感连接。

总之,多一些肌理和加一些细节是设计中的关键环节,可以使设计引人入胜、精确明了,并传达更多的情感和信息。这一原则不仅适用于艺术品和创意项目,也适用于产品、建筑和各种设计领域,帮助提升其吸引力和表现力。

甲骨文"鼎"字的肌理
作者:李淑梅 黄依情 卢嘉茹 朱思瑞
指导老师:王萍

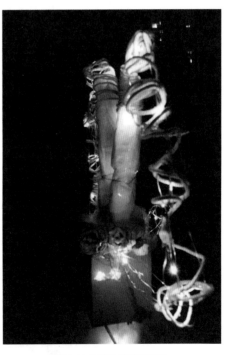

甲骨文"羊"字的肌理
作者:高瑜彬 蔡心蔚 何泽恩
指导老师:王萍

甲骨文"丑"字的细节
作者：蔡晓燕　范梓程　邓璐
指导老师：王萍

甲骨文"木"字的肌理制作
作者：黄若菲　黄梓怡　梁善茹
指导老师：王萍

9．用工匠精神对待每件作品

用工匠精神对待每件作品是确保品质和提升价值的关键。工匠精神代表着对细节的极致关注和对完美的追求，体现了对技艺和工艺的尊重。这种态度在各个领域都是至关重要的，要求专注于每个步骤，从材料的选择到最终的加工，确保每个细节都经过精心打磨和精确处理。这种精益求精的精神可以保证作品的质量达到最高水准，并展现出独特的工艺美学效果。

此外，工匠精神还强调了对个人责任感和自我价值的追求。它要求工匠们对自己的作品负责，并把每件作品都当作自己的代表作来对待。这种态度体现了对品质的坚持和对专业精神的尊重，同时也促进了个人技能和专业水平的不断提升。

甲骨文"福"字的制作过程
作者：潘思圆　孙嘉敏　吴雪铭
指导老师：王萍

甲骨文"孕"字的制作过程
作者：杨玮炫　周梓洵　杨思琦
指导老师：王萍

甲骨文"鼎"字的制作过程

作者：李淑梅　黄依情　卢嘉妱　朱思瑞

指导老师：王萍

甲骨文"龙"字的制作过程

作者：刘阔　许漪琳　宋南希

指导老师：王萍

甲骨文"旦"字的精细制作

作者：蔡晓燕　范梓程　邓璐

指导老师：王萍

形由义生

课程名称：综合设计基础

课题名称：形由义生

课题要求："综合设计基础"是设计学专业的大类平台课之一，主要是设计形态的训练、设计思维的转换。

作业要求：设计一组传达不同风格语义的系列三维形态作品（作品具体形式不限）。评价标准为意和形的融合匹配程度。

作业尺寸：高 30 ～ 40 厘米，长宽不限。

作业数量：一系列 3 ～ 5 件。

作业时间：16 课时。

完成作业形式：3 ～ 5 人团队合作。

一、课题任务

1．课题分析与研究。

（1）自主拟定或在老师提供的词汇库中选定一组具有一定相关性的词汇，讨论其准确意义与特征，特别注意把握词汇之间的内在联系与区别；听音乐盲画形态；经整理提炼关键词达到思想情感的升华；把关键词拓展发散寻求贴切的形式表达。

（2）为了更好地把握词汇在视觉形态上的特征，查找大量图片进行观察、感受和分析（每个词汇配 10 ～ 20 幅），选出最具代表性的 1 幅图片。

（3）分析图片，用客观的描述语言对每个词汇进行形态特征的提炼和总结，特别注意比较不同词汇的形态特征。

2．设计制作。

（1）根据词汇分析研究结果，将这组词汇转化为一系列三维形态作品，表现形式可以是摆件、装置、产品概念模型等，并绘制出设计草图。

（2）制作实物。

3．记录全部设计与制作过程，进行课题总结汇报。

▶ 二、课题训练目标

　　培养抽象思维能力、形态特征感受和把握能力、形和意有机融合的能力，进一步研究和掌握三维空间的宏观与微观形态、点线面的构造与走向，以及材质与色彩的性格特征，学习如何将设计要素统一在一个主题确定且富有情感和特征的框架下，使形态传达出一定的含义，既具有可识别性和可理解性，又具有抽象形态的高度概括性和审美性。

　　1. 训练学生的抽象思维能力。抽象思维是一种高级思维方式，也是一种必不可少的设计思维方式。形态的抽象设计思维往往体现在对主题特征的把握和诠释上，即设计者表现的主题往往是抽象概念，输出的形态也以抽象形态为主。同时，在审美上，抽象形态的美具有不可替代的独特性。因此，本课题通过流程化的课题内容设计，使学生学习抽象概念的具象化特征提炼方法，再将具象化的特征转化为抽象形态，从而掌握一整套开展设计的系统方法。

　　2. 训练学生对抽象形态的塑造能力。培养学生对点、线、面、面积、空间的有机构造能力，通过对线和面的曲率变化、空间的辗转承接、点的排列节奏等设计实践，使学生进一步体会形态传达出的语义，进而学会如何使用准确的形态语言去表达设计思想，传达设计理念，获得观者的认同。

立体构成案例
作者：李光浩　唐金荣 等

三、教学引导

1. 难点一：词汇的选择与词汇库

引导学生选择既具有联系也有差别同时又可用形态表达出来的同类词汇。这个环节考验学生对词汇意义的把握与敏感度，需要教师较多介入和引导。例如，有的学生组初期选择"清凉、冰冷、寒冷"三个词汇，这三个词汇意义区别不明显，又都属于温度词汇，很难用形态进行诠释；再如，有的学生组初期拟定"清纯、奢侈、可爱"三个词汇，同样也有词汇没有内在联系、难以用形态表达的问题。

为此，教师可准备一个词汇库供学生选择。例如，名词主题系列"少年、青年、中年、老年""春、夏、秋、冬""鸡、牛、羊、蛇"；动词主题系列"跳、跑、掠、飞"；形容词主题系列"稚拙、轻灵、敏捷"等。

2. 难点二：抽象形态的语义表达

本课题的重点是形态的语义，应当通过形态本身的韵律、节奏和组织关系等设计语言传达含义。色彩、材质和细节装饰只是辅助手段，不能作为设计核心。因此，应引导学生注意抽象语义的把握和实践。可以在设计制作前，布置一些小练习，引导学生反复琢磨形态的不同形式传出的含义差别，对形态的特征与语义有初期认识。在设计制作过程中，要求学生在主体框架阶段就达到语义传达的目的，在主体框架确定后再以色彩和材质对主题进行强化。

（1）辅助预备练习一：油泥形态语义训练

油泥作品制作

作者：黄淑琪　邓舒文　林睿思　李思静

指导老师：彭译萱

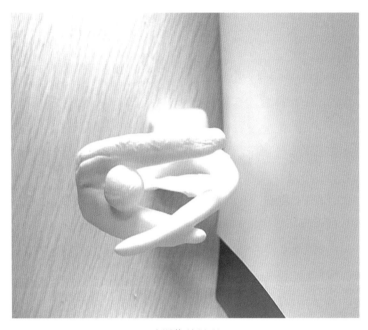

油泥作品呈现

作者：黄淑琪　邓舒文　林睿思　李思静

指导老师：彭译萱

生物油泥作品制作

作者：Jessica（伦敦艺术大学）

生物油泥作品制作

作者：Jessica（伦敦艺术大学）

（2）辅助预备练习二：折纸形态语义训练

用折纸的方法进行人或物设计，如棋盘或学生熟悉的其他人物和角色。

折纸人物设计

作者：赖嘉伟

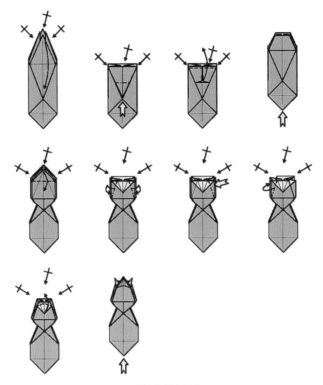

国际象棋折纸

作者：Joseph Wu

穿连衣裙的女孩折纸

作者：Jeremy Shafer

国际象棋棋盘折纸

作者：John Montroll

四、评价标准

——对词汇语义的把握能力，准确提炼形态特征的能力；

——将形态特征运用到设计中的准确性，构造形态的空间想象力，对形态语义的感受能力和传达能力；

——系列设计的整体控制能力，系列与个体、共性与个性的整体组织和规划能力；

——材质的运用与组合、色彩运用、肌理构造等综合运用能力；

——最终设计作品的语义准确性、形态审美性、整体系列感；

——发现问题与解决问题的能力；

——设计管理与团队合作能力；

——汇报、总结、分析与反思能力；

——创意思维能力。

五、问题与方法

1. 词汇组的构建

选择一个合理的词汇组，才能保证设计顺利推进，否则将直接影响最后的设计作品质量。适合的词汇往往是较为明显的形态词。例如，动物主题的"鸡、牛、羊、蛇"等词汇，先以动物形态和气质特征为研究点，再进行形态的抽象化构建，这种方法在很多产品设计上都有很好的应用。再如，以花卉、植物为主题的"梅、兰、竹、菊"、以四季为主题的"春、夏、秋、冬"等，都可以总结出典型的特征，将其转化为抽象形态，传达出确切的含义。

一些形容词也可以借物传达。例如，一个学生组选择形容词组合"正直、温和、狡猾、圆滑"，然后借助牛、海豚、老鼠、蛇的形态特征进行表现，这也是一种值得肯定的思路。

动词虽然具有动态感，与形态有直接联系，但在塑造形态时具有一定的难度。形容词词库丰富，但很多形容词是情感的、气质的、心理的，如"冰冷""温暖"等，与形态没有直接联系，因此在选择形容词的时候需用心感受和甄别。

2．这幅图片有用吗

体会词汇的准确含义，查找和搜集与词汇相应的图片，是非常有效的设计前期研究方法。这一环节帮助学生将抽象词汇转化为具象形态，从而厘清设计方向、进行理性分析，在设计过程中起到重要的参考和借鉴作用。在很多设计专业课程中，这一步骤相当于制作设计概念版的环节。

查找的图片有用、能用，才能真正对设计起到辅助甚至推动的作用。在收集图片的过程中，常出现的问题有以下两个。

（1）本课题训练的重点在于形态设计，图片的内容应当在形态上有明确的语义特征。有些图片凭借光线、色温、明暗等非形态要素传达语义，有些图片是电影或电视剧的剧照，虽然能使学生联想到词汇语义，但图片本身不具备形态语义。

（2）学生对词汇和图片的理解不够准确，查找的图片不符合词汇的意义。

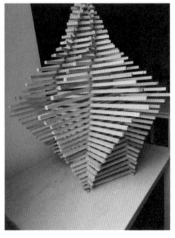

清新

词汇与图片不对应的示例

作者：刘帼琳　蔡光伟　敖静如　美琳娜

指导老师：王萍

因此，在收集图片的过程中，应将注意力放在图片主体部分的形态构造上，分析和感受图片中物体的线、面、体的形态变化传达的含义，与词汇准确对应，将大量图片反复比较、琢磨，与词汇参照验证，才能对抽象概念与具象形态的对应关系有准确深入的把握。

3. 要描述，不要形容

搜集大量图片，对词汇的具象形态有了一定把握后，应用理性的语言对这个词汇的对应形态进行描述。在这个环节，学生常常用形容词表达自己的感受，或将注意力放在色彩和材质上。例如，学生想尝试在作品中表现不同国家和地区的风格，在搜集图片后，对日式风格的形态总结描述为"简约、淡雅、清新、自然，色彩多偏重于原木色及竹、藤、麻和其他天然材料颜色"，这样的描述并没有把握形态的物理性特征，是在形容而不是在描述，重点也有所偏离。

出现这一问题往往反映了学生没有把握课题训练的意义，或对词汇的形态认识仍然停留在表层的感性阶段。如果不能深入，设计将始终停留在主观感受的意识层面，容易出现作品语义表达含糊或不准确的常见问题。

客观、理性描述是指对形态本身物理性特征的描述，如"正方形、长方形、椭圆形等几何形态""曲率小，变化节奏缓慢""尾端上挑""排列规则，呈递减性变化""多层曲线交错，在多个维度方向向上延伸"等。这些客观特征可以直接在设计阶段贯彻执行，能起到良好的指导作用。掌握这一方法，对学生以后进入各专业的学习都能起到很好的辅助作用，这正是本环节期待达到的目标。

阿利耶夫文化中心

作者：扎哈·哈迪德建筑事务所

客观的描述性语言

流畅

- 线的方向一致
- 没有交叉缠绕
- 曲度变化柔和

阿利耶夫文化中心

作者：扎哈·哈迪德建筑事务所

4. 选择一个好的表现载体能起到意外的好效果

"清新、温馨、热烈、冰冷"四个形容词属于氛围词汇，用形态表达存在一定难度。然而学生经过深入讨论和查找图片资料，发现这四个词可以借助共同的表达载体——灯表现，而且采用不同灯形态表达这四个形容词的语义取得了较好的效果。

形态语义台式花灯——清新

形态语义台式花灯——温馨

形态语义台式花灯——热烈

形态语义台式花灯——冰冷

5. 不要场景，要形态

使用场景去表现词汇语义是本课题训练中常出现的问题。例如，设置一个高山流水的场景表达"流畅"；表达"华丽"则加入很多珍珠、亮片等装饰品。虽然设计的表现形式很多，使用场景表达语义也是其中一种方法，但本课题训练的目标是感受不同的点、线、面、体、节奏、韵律表达的情绪和风格，并且能够自己创造形态。而场景使用的元素已有形态，对学生的设计创作帮助不大。因此，学生应将注意力放在形态的构造上。

形态语义"悠闲"作品设计（这个作品表达"悠闲"的语义，但主体下面的场景较为繁杂）

作者：崔力　方佳松　甘声豪

指导老师：王萍

形态语义相关作品（形态设计应关注形态构造）

作者：陈谢辉　符赞聪　李塬　何家豪　李铭伉

指导老师：彭译萱

形态语义相关作品（形态设计应关注形态构造）

作者：陈颖琦　王思诗　周泳贤　钟慧　赖石艳　林国华

指导老师：王萍

6．学生代表作品

（1）一组奖杯形态设计

奖杯形态设计 　　　　　　　　　　　　　奖杯形态设计

作者：张煜晗　韩越　田舒琳　陈权　李昊添　　作者：黄淑琪　邓舒文　林睿思　李思静

指导老师：彭译萱 　　　　　　　　　　　指导老师：彭译萱

奖杯形态设计

作者：曾芃菲　梁琼丹　史雪雨　卜荣宇　张嘉良　罗绍强

指导老师：彭译萱

（2）一组奖牌形态设计

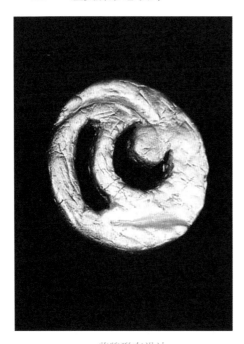

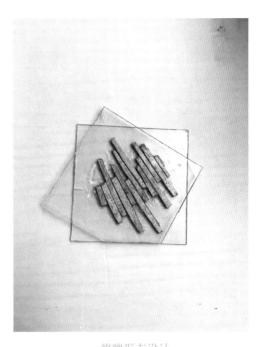

奖牌形态设计　　　　　　　　　　　　　　奖牌形态设计

作者：黄淑琪　邓舒文　林睿思　李思静　　作者：张煜晗　韩越　田舒琳　陈权　李昊添

指导老师：彭译萱　　　　　　　　　　　　指导老师：彭译萱

奖牌形态设计

作者：曾芃菲 梁琼丹 史雪雨 卜荣宇 张嘉良 罗绍强

指导老师：彭译萱

（3）一组眼镜形态设计

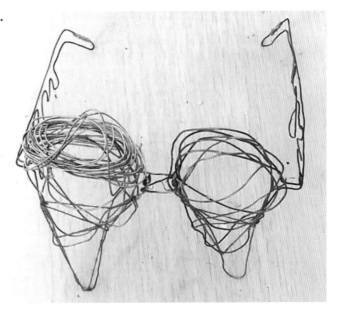

眼镜形态设计

作者：李怡桦 黄慧玲 黄丽璇 李晓盈 倪欣愉

指导老师：彭译萱

眼镜形态设计

作者：李怡桦　黄慧玲　黄丽璇　李晓盈　倪欣愉

指导老师：彭译萱

眼镜形态设计

作者：郭梦维　陈洁欣　刘付志鑫

指导老师：彭译萱

（4）一组灯饰形态设计

灯饰形态设计
作者：李淑梅　黄依情　卢嘉茹　朱思瑞
指导老师：王萍

灯饰形态设计
作者：陈泳仪　黄可双　陈洁盈
指导老师：王萍

灯饰形态设计
作者：陈浪清　蔡子怡　许洁滢
李芳　李小涵
指导老师：王萍

灯饰形态设计
作者：曾宪深　刘博运　张铭锋
张声海　李志洛
指导老师：王萍

（5）一组摆件形态设计

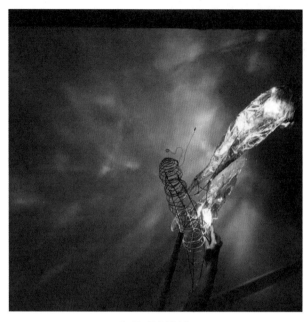

摆件形态设计

作者：曾颖　甄奕欣　袁凯瑶　蔡颖琦　吴志莹

指导老师：王萍

摆件形态设计

作者：覃潇迪　李宏楷　欧阳浩哲

指导老师：王萍

摆件形态设计

作者：高瑜彬 蔡心蔚 何泽恩

指导老师：王萍

摆件形态设计

作者：杨帆 欧卓航 林光杰

指导老师：王萍

摆件形态设计

作者：江鑫健 李冠润 旋卓凡

指导老师：王萍

课题训练 3
结构的魅力

课程名称：综合设计基础

课题名称：结构的魅力

课题要求："综合设计基础"是设计学专业的大类平台课之一，主要是设计形态的训练、设计思维的转换。

作业要求：

1. 用瓦楞纸制作一双鞋，要求能承受一位成年人的体重，成年人穿着行走至少五米距离，脚底离地至少五厘米。不能使用除瓦楞纸外的任何材料（包括胶水）。

2. 用木条制作一座桥，要求能够承受 2～3 块砖头的重量且不坍塌，能承受越多砖头代表桥的结构越合理。不能使用除木条和绳子外的任何材料（包括胶水）。

作业尺寸：

1. 鞋：长 30～40 厘米，宽 15～25 厘米，高不限。

2. 桥：高 1.2～1.5 米，长宽不限。

作业数量：1 件。

作业时间：16 课时。

完成作业形式：3～5 人团队合作。

▶ 一、课题任务

1. 课题分析与研究。

（1）学生查阅资料讨论和了解什么是结构，我国有哪些出名的结构，结构有什么特征。学生观察并分析日常生活中所看到、用到的物品都是以什么结构形式存在的。

（2）选定一项主题，为了更好地把握主题在视觉形态上的特征和结构上的可行性，要查找大量图片进行观察、感受和分析，提取灵感和想法。

2. 设计制作。根据图片分析研究结果，将主题转化为三维形态作品，绘制设计草图，计算结构受力分析，以及使用小模型进行推敲尝试，并制作实物。

3．记录全部设计与制作过程，进行课题总结汇报。

广州海心桥

▶ 二、课题训练目标

　　培养学生造型和结构的理解与创造能力，基本认识三维空间形态中空间、体积、材质的要素，理解它们之间的联系与组织形式法则；培养学生对空间形态的感受能力、塑造表现能力，学会不同结构的受力分析。通过对建筑、汽车、鞋子等不同物件结构进行分析，理解结构分为受力结构和非受力结构两种，而受力结构中的力可分为压力和拉力等。本课题让学生在理解原理的基础上试图解决鞋子的压力和拉力问题并尝试分析桥的结构力和承重压力。

　　1．训练学生分析和设计受力结构的能力及空间结构能力。学生将学会理解受力结构的基本原理，如受力分布、均衡条件、应力分析等，运用这些理论知识设计和构建瓦楞纸鞋子与木条桥梁，以确保它们能够承受特定的重力负荷。通过实践中的观察和测试，学生将理解结构如何在受力情况下表现出稳定性和高强度，这有助于学生在未来的设计项目中应对工程结构挑战。

《清明上河图》中的木拱桥

作者：张择端

2. 训练学生分析和设计非受力结构的能力，强调材料、形态和美学。学生将学会考虑材料的特性，如瓦楞纸的弯曲性能和木材的强度，以设计承受不同类型载荷的结构。学生将着重关注非受力结构的构造，如瓦楞纸鞋子的立体形状和木条桥梁的支撑系统，以确保结构的稳定性和耐用性。此外，学生还将考虑美学因素，使设计更具吸引力。

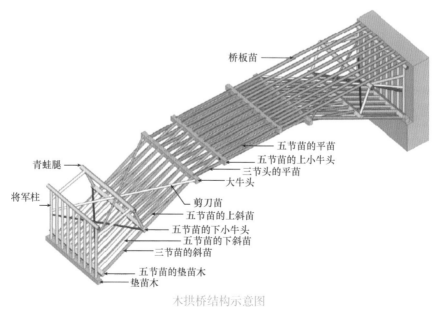

木拱桥结构示意图

图片来源：曹春平《闽浙木拱桥》

三、教学引导

1. 结构的定义

通过有趣的结构故事导入课题，列举一些案例让学生了解到身边的结构无处不在，并逐渐引导学生尝试分析身边物品的结构并进行解构。

（1）结构故事

春秋战国时期，有一位发明家叫鲁班。他的名字和有关他的故事一直流传至今，后世工匠都尊他为祖师。

鲁班大约生于公元前507年，本名公输般，因为"班"与"般"同音，而且他是鲁国人，所以人们称他为鲁班。他主要从事木工工作。那时人们要使树木成为既平又光滑的木板，还没有什么好办法。鲁班在实践中留心观察，模仿生物形态，发明了许多木工工具，如锯子、刨子等。鲁班是怎样发明锯子的呢？

相传他有一次进深山砍树木，一不小心，脚下一滑，手被一种野草的叶子划破了，渗出血来。他摘下叶片轻轻一摸，发现原来叶子两边长着锋利的齿，他用这些密密的小齿在手背上轻轻一划，居然划开了一道口子。他还看到在一棵野草上有只大蝗虫，两个大板牙上也排列着许多小齿，所以它能很快地磨碎叶片。鲁班从这两件事上得到了启发：要是有这样齿状的工具，就可以很快地锯断树木了。于是，他经过多次试验，终于发明了锋利的齿状工具，大大提高了工效。鲁班给这种新发明的工具起了一个名字——"锯"。

鲁班造锯
作者：刘旦宅

这是一则生动的自然界中结构在生活中得到应用的故事。从这则故事中可以看到结构的魅力所在，但是结构的魅力不仅局限于此。

（2）什么是结构

结构各种各样，如地理学科中的地质结构、生物学科中的人体骨骼结构、政治学科中的社会结构，还有化学和物理学科中的物质结构、分子结构、原子结构等。

"结构"可以定义为：事物的各个组成部分之间的有序搭配或排列。实际上，结构关注的正是整体与部分的关系。

（3）结构无处不在

由于世界上的一切事物都是由各种组成部分构成的整体，而且都与部分和整体这两个概念密切相关，因此可以说世界上的一切，无论是宇宙还是原子，无论是物质的还是非物质的，都有其自身的结构。

自然界中存在着许多精彩的构造，如蜜蜂的蜂巢、蜘蛛网、雪花及人体骨骼，这些构造并非偶然产生的。蜂巢的构造坚固耐用，节省材料，通风良好；蜘蛛网的结构最大限度地扩展了蜘蛛捕食的范围；雪花的结构是水在大气中结晶的美丽表现；而人体骨骼的结构则经过数千年的进化而来，每块骨骼都有其功能。此外，骨骼之间的结构也具有重要作用，例如，脊柱略呈 S 形，既能分散外部冲击力，减轻对脊椎的负担，又有助于保证脊髓神经的正常运转。

蜂巢、蜘蛛网、雪花、人体骨骼

自然界中多种多样的结构为人们提供了无限的思维空间和创意灵感。在人们的日常生活中，许多新事物都受到了自然界中经典结构的启发，这些事物是美妙结构的延伸。前边提到的鲁班发明的锯就是一个出色的范例，它展现了如何将自然界的原理应用于实际工具的设计中。我们熟知的国家体育场"鸟巢"和国家游泳中心"水立方"都是典型的代表。从"鸟巢"的名字就能看出它的灵感源自何处，而"水立方"则与蜂巢的结构有着明显的相似之处。

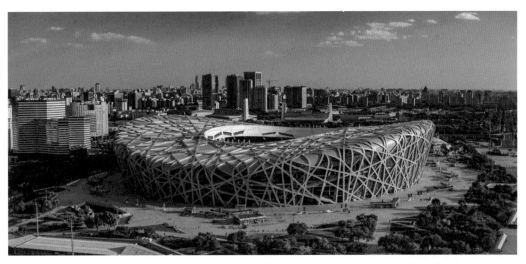

鸟巢

水立方

除了在建筑领域的应用，自然界中各种结构自古以来一直是多种技术思想、工程原理和重大发明的灵感来源。例如，鱼在水中自由畅游的本领启发了人们模仿鱼的形态来设计船只，使用木桨模仿鱼鳍的动作。传说，在大禹时代，中国劳动人民观察和仿效鱼在水中摇摆尾巴游动与转弯，在船上引入了橹和舵，从而增强了船只的动力，并掌握了船只转弯的技术。类似的情况还有鸟类对飞行的启发、仿效鱼鳔设计的潜水艇等。现代仿生学也以相似的原理为基础，研究自然界中的结构和原理，将其应用于科学和技术领域，以解决多种问题和挑战。

学生细致地观察到了身边物品的一些结构，并尝试进行解构。

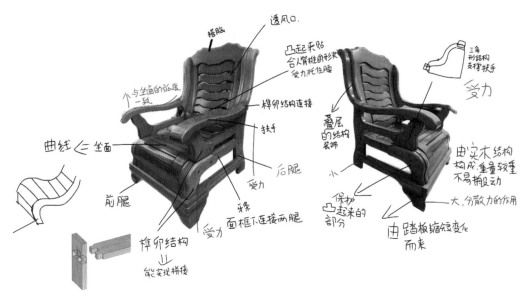

木质沙发解构
作者：林良烨
指导老师：王萍

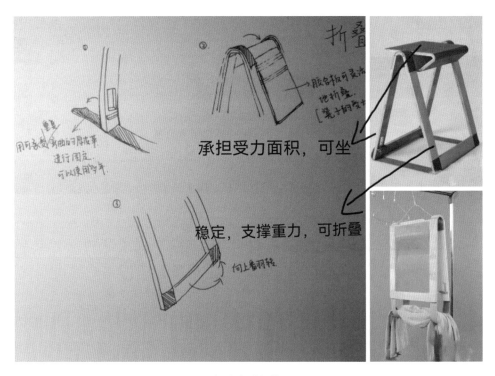

折叠木凳解构
作者：唐恩慧
指导老师：王萍

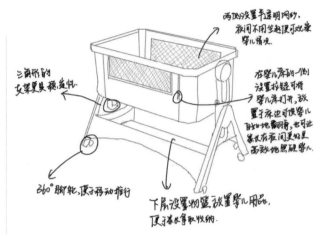

两侧设置半透明网纱，
夜间不用坐起便可观察
婴儿情况。

三角形的
支架稳固，稳定性。

右婴儿屏的一侧
设置移铰可滑
婴儿床打开，放
置于床边便于婴儿
可随地翻身，也可让
家长在夜间更好更
高效地照顾婴儿。

360°脚轮，便于移动推行

下层设置物篮，放置婴儿用品，
便于拿取收纳。

婴儿床　　　　　　　　　　　　　　　　婴儿床解构

作者：周心韵

指导老师：王萍

椅子结构概念图（仅框架）

交叉处参考外圆内方结构

贴面有转轴穿过

绑带使框架之间最大能形成 90°角

侧面效果图（产品右侧）

收起效果图

说明：椅子的整体结构由两个半圆形柱形组成的框架交叉构成，
设计成半圆形柱体是为了框架相交处有一个平整的相交面，并且椅子收起时
椅腿可合并成圆柱形。

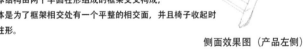

侧面效果图（产品左侧）

椅子解构

作者：曾晴

指导老师：王萍

（4）结构至关重要

无论是自然界还是人类社会，"结构"都在其特定的位置发挥着重要乃至决定性的作用。如果结构方面存在一个小问题，也许会导致重大事故的发生。

位于加拿大的魁北克大桥是一座宽29米、高104米的桥。因其177米的悬臂支承着195米长的中间段构成主跨，迄今为止，该桥仍保持着世界第一的悬臂梁桥跨径纪录。但是该桥在最初建造的时候，命途多舛。

魁北克大桥兴建于20世纪初期，当时桥的建设速度很快，施工组织也很完善。正当投资修建这座大桥的人们开始考虑如何为大桥剪彩时，随着一阵震耳欲聋的巨响，大桥的部分结构垮了，19000吨钢材和86名建桥工人落入水中，只有11人生还。

为了记住这一教训，所有毕业于加拿大工程界大学并参加"工程师冠名典礼"的毕业生都会收到一个铁指环，这些铁指环是由那座坍塌的魁北克大桥上的金属制成的（现在的指环由不锈钢制造）。它们时刻提醒这些工程师，进行结构设计要具有高度的责任感。

魁北克大桥坍塌

2. 中华木结构建造技法

中国古代木匠的技艺精湛，榫卯结构和斗拱结构广为人知。榫卯和斗拱是中国古代建筑里应用最广泛的两种建筑技法，应县木塔也正是采用了这两种技法，整个塔身才呈现出刚柔相济的特点，这种耗能减震作用的设计，甚至超过了现代建筑学的科技水平。

应县木塔

（1）榫卯结构

中国古代建筑以木材、砖瓦为主要建筑材料，以木构架为主要结构方式，由立柱、横梁、顺檩等主要构件建造而成，各个构件之间的结点以榫卯相吻合，构成富有弹性的框。

榫卯结构

榫卯是在两个木构件上所采用的一种凹凸结合的连接方式。凸出部分叫榫（或榫头），凹进部分叫卯（或榫眼、榫槽），榫和卯咬合，起到连接作用。这是中国古代建筑、家具及其他木制器械的主要结构方式。榫卯结构是榫和卯的结合，是木构件之间多与少、高与低、长与短之间的巧妙组合，可有效地限制木构件向各个方向的扭动。榫卯的基本结构由两个木构件组成，其中一个的榫插入另一个的卯中，使两个木构件连接并固定。榫伸入卯的部分称为榫舌，其余部分称为榫肩。

　　榫卯结构广泛用于建筑，同时也广泛用于家具，体现了家具与建筑的密切关系。榫卯结构应用于房屋建筑后，虽然每个木构件都比较单薄，但是它们在整体上能承受巨大的压力。这种结构不在于个体的强大，而是木构件之间互相结合、互相支撑，这种结构成了后代建筑和中式家具的基本模式。

榫卯结构

（2）斗拱

斗拱又称枓栱、斗科、欂栌、铺作等，是中国建筑上特有的构件，是由方形的斗、升、拱、翘、昂等组成。在立柱顶、额枋和檐檩间或构架间，从枋上加的一层层探出成弓形的承重结构叫拱，拱与拱之间垫的方形木块叫斗，二者合称斗拱。斗拱是较大建筑物的柱与屋顶之间的过渡部分。其功用在于承受上部支出的屋檐，将其重量或直接集中到柱上，或间接地先纳至额枋上再转到柱上。一般来说，只有非常重要或带纪念性的建筑物才有斗拱的安置。

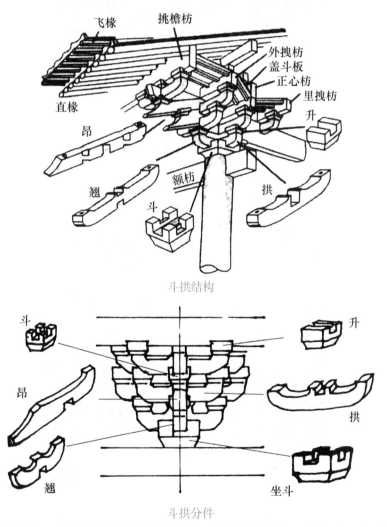

斗拱结构

斗拱分件

斗拱使人产生一种神秘莫测的奇妙感觉，在美学和结构上也拥有一种独特的风格。从艺术或技术的角度来看，斗拱都足以象征和代表中华古典建筑的精神和气质。斗拱中间伸出部分叫要头，常雕成一个青色龙头，其两旁的垫拱板上雕火焰珠，象征吉祥如意。

斗拱

应县木塔（释迦塔）的斗拱

（3）孔明锁

孔明锁也称八卦锁、鲁班锁，是中国古代传统的土木建筑固定结合器，曾广泛流传于中国民间的智力玩具中，民间还有"别闷棍""六子联芳""莫奈何""难人木"等叫法，相传由鲁班发明。

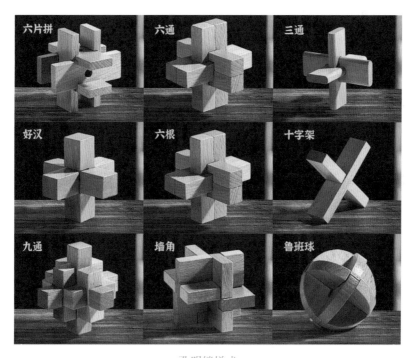

孔明锁样式

孔明锁起源于中国古代建筑的榫卯结构。这种三维的拼插器具，内部的凹凸部分（榫卯结构）啮合，十分巧妙。原创为木质结构，外观看是严丝合缝的十字立方体。孔明锁类玩具比较多，形状和内部的构造各不相同，一般都是易拆难装。拼装时需要仔细观察，认真思考，分析其内部结构。它有利于开发大脑、灵活手指，是一种很好的益智玩具。

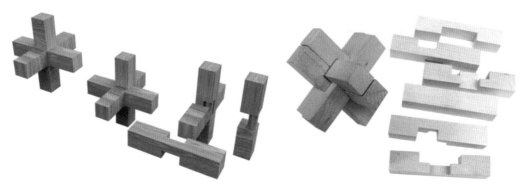

孔明锁分解

（4）当代木结构

古代的木结构建筑结点连接技艺已经如此发达，那么到了现代，木结构建筑的结点又是什么样子的呢？它在古代的基础上又有什么发展呢？

当代木结构建筑常用的结点大致分为以下 3 类。

① 纯木榫接

纯木榫接一般用于井干式木结构建筑，将圆木或半圆木两端开凹槽，组合成矩形木框，层层相叠作为墙壁，形成承重结构木墙。

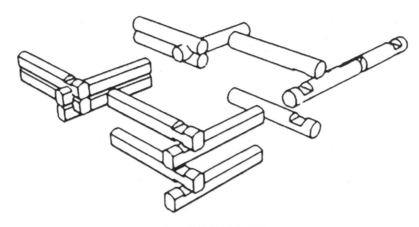

纯木榫接分解示意图

井干式木结构房屋

这种木结构建筑最大限度地减少了其他建筑材料的使用，并突出了木质材料，贴近自然的色泽，同时随着工业化生产技术的发展，现代井干式木结构房屋的生产及安装工艺更加精湛。

② 齿连接

齿连接是指将受压构件的端头做成齿榫，将另一构件锯成齿槽，使齿榫直接抵承在齿槽内传递压力。因此，齿连接在承重的同时可以用来传递压力，这也是它的特点。

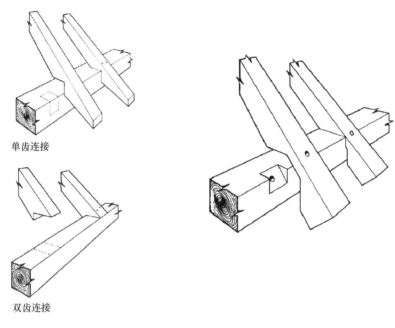

单齿连接

双齿连接

齿连接示意图

齿连接的优点是构造简单，传力明确，可用简单工具制作。由于其构造外露，也易于检查施工质量和观测工作情况，一般用于中小型木结构建筑。

③ 销连接

销是用钢或者木做成圆杆状或者板片状用以阻止被连接构件相对移动的连接物。

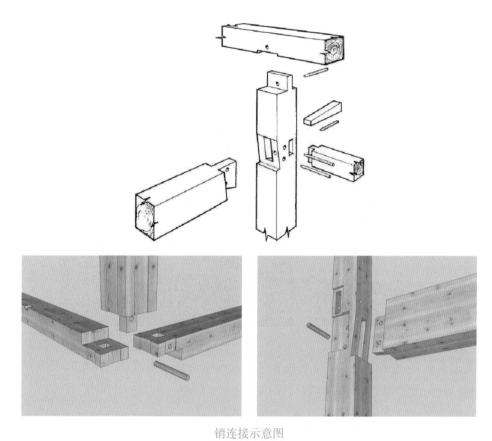

销连接示意图

属于圆杆状销的有螺栓、钉、圆钢销、螺钉、玻璃钢圆销等。

圆杆状销

属于板片状销的有玻璃钢板销、钢板销等，一般用于大型木结构建筑。

板片状销

综上可见，传统的榫卯结点连接工艺并没有因为传统木匠的"失业"而失传，而是随着科技的发展逐渐形成适应现代木结构建筑的风格。

木结构建筑

木结构建筑

四、评价标准

——理解材料性能，理解物品的构造、构性，加强项目落地性研究，同时在满足结构的前提下创新外观形态。

——发现问题与解决问题的能力。

——设计管理与团队合作能力。

——汇报、总结、分析与反思能力。

五、问题与方法

1. 注重制作的过程记录和分析

注重制作的过程记录和分析是综合设计基础课程中的关键部分，重要性在于它不仅帮助学生掌握实际的制作技能，还培养他们对结构的深入理解和设计思维的创新能力。

通过记录和分析制作过程，学生能够更好地理解结构设计的实际挑战，在制作过程中观察和记录材料的行为、结构的强度表现，以及任何可能出现的问题。这有助于识别设计中的潜在问题并寻找解决方案，从而提高设计的实用性和可行性。

制作过程的记录和分析促使学生深入思考设计决策的合理性。通过反思设计选择、材料应用和制作方法，学生可以更好地理解每个决策对结构的影响。这有助于更好地权衡美学与功能性。

注重制作的过程记录和分析不仅是一种教学方法，更是一种思维方式，帮助学生在结构设计领域养成深入思考和创新解决问题的能力。

描画并切割纸板

抠取纸板

拼装制作

作者：梁嘉铭　李正阳　王宝源　梁名扬

指导老师：王萍

拼装鞋底

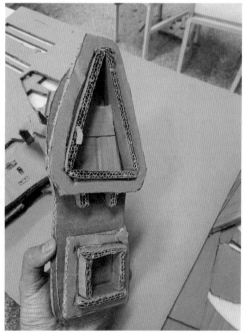

最终成品

作者：梁嘉铭 李正阳 王宝源 梁名扬

指导老师：王萍

2. 对结构受力理解不够

对结构受力理解不够是本课题中常见的挑战，因此需要采用适当的方法来解决。

理解结构的受力原理是至关重要的，因为它直接影响设计的稳定性和安全性。解决这一问题的方法之一是通过实际示范和模拟来帮助学生可视化和理解不同结构中的受力情况。例如，在课堂上进行物理示范，将不同的荷载施加在模型结构上，以及通过计算和模拟软件来展示不同受力情况。

让学生亲身参与结构构造和测试也是一种关键方法。通过实际的制作和测试项目，学生可以深入地理解结构受力的实际应用，亲自体验在设计和制作瓦楞纸鞋、木条桥梁时的各种受力情况，从而更好地理解设计决策的影响。

同时，要鼓励学生参与小组讨论和项目反思。在小组中，学生可以分享知识、经验和问题，相互学习，共同解决困难。通过反思每个项目的过程，学生可以发现在受力理解方面的不足之处，并从中汲取经验教训。

高跷鞋成品图（灵感来自桥墩）

作者：黄梦娇　蔡汝婷　邓媚媚　何静

指导老师：王萍

高跷鞋顶视图

作者：黄梦娇　蔡汝婷　邓媚媚　何静

指导老师：王萍

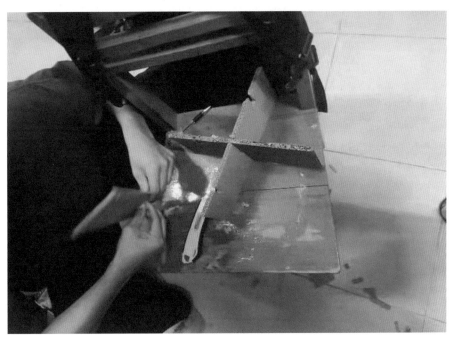

共同讨论制作鞋底架构

作者：曾彬　官子桓　郭佳涛　李健

指导老师：王萍

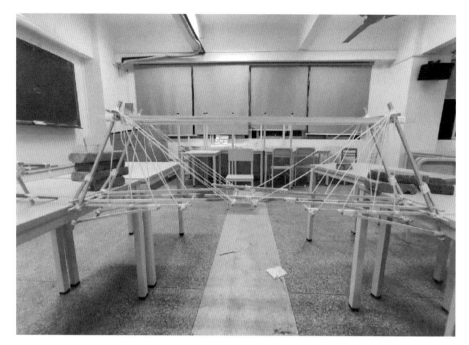

吊索桥作品图（灵感来自伦敦大桥）

吊索桥承重测试

作者：邓振炜　何梓铭　金汐　朱素嫄

指导老师：王萍

3. 支撑方法不熟练

在综合设计基础课程中，一个常见的问题是学生可能对支撑方法不够熟练，或者是在理解和应用适当的支撑方法方面存在困难。这可能导致结构的不稳定性，或者需要不必要的材料和资源来维持结构的稳定性。

引入真实案例研究，可以让学生了解支撑方法在实际工程和建筑项目中的应用。同时教会学生不同类型的支撑方法，包括各种支撑结构和材料的应用。通过分析成功和失败的案例，学生可以深入地理解支撑方法的影响。鼓励学生积极参与制作和测试项目，如木条桥梁、瓦楞纸鞋制作。学生可以实际接触和应用支撑方法，并在小组内分享知识和经验，一起解决支撑问题。

鞋底多层结构

作者：徐培诗　谢芷瑶　谢沁瑜　谢彤

指导老师：王萍

下面这个小组基于建筑地基与桥梁的原理来构建鞋子，并尝试运用几何与建筑原理的三角形交叉进行加固。

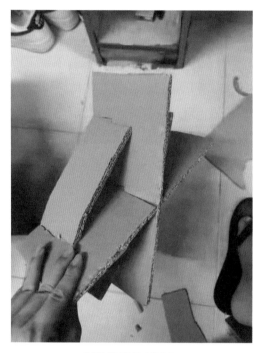

制作鞋底几何架构

作者：曾彬　官子桓　郭佳涛　李健

指导老师：王萍

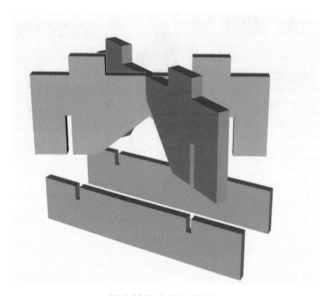

鞋底结构分析示意图

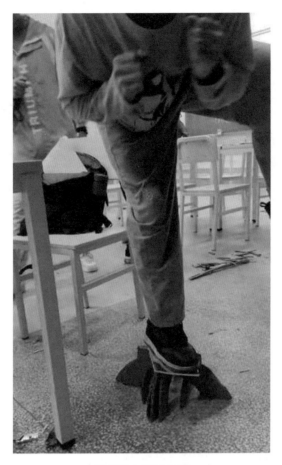

初步压力测试失败

针对第一次实践失败，学生经讨论总结发现一个原因：单个十字支撑结构虽然稳定性强，但是难以保持平衡，所以通过增加纸板（固定两块板）以保持平衡。

增加纸板示意图

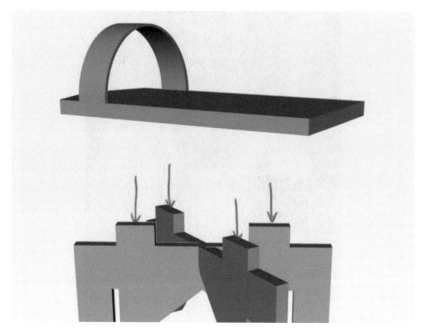

鞋子模型推导演变

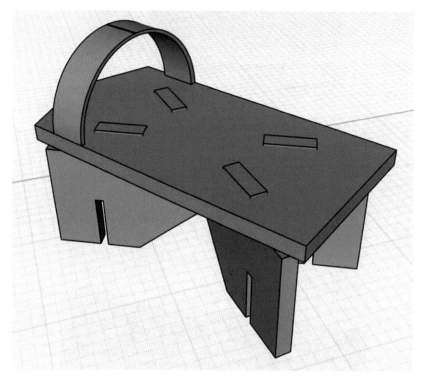

鞋子模型推导演示（脚掌与鞋子的主要支撑点）

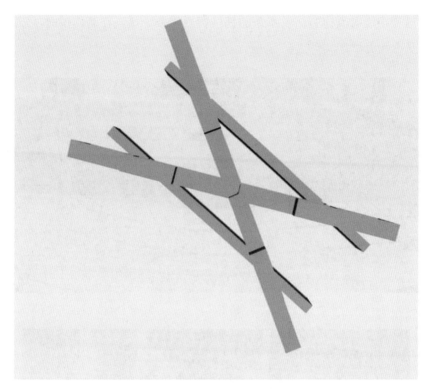

鞋子模型推导演示（底部增加两块板来固定十字支撑结构）

压力行走测试

下面这个小组对支撑方法及木条的韧性特点掌握不足，在制作桥时，没有很好地呈现结构受力和美学。

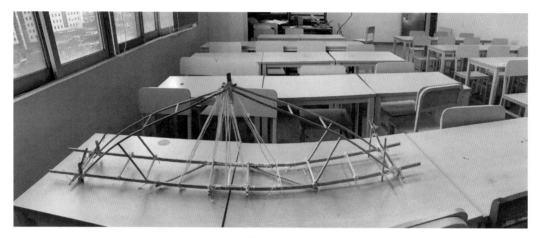

桥展示图

桥结构细节展示图

作者：陈浪清　蔡子怡　许洁滢　李芳　李小涵

指导老师：王萍

4．理解外观形态和结构内部特征不到位

理解外观形态和结构内部特征不到位是综合设计基础课程中的另一个常见问题。学生可能缺乏对外观形态和结构内部特征之间关联性的深入理解，这可能导致在设计过程中忽视外观与内部结构的协调性和稳定性。

通过课堂理论教学和案例分析，帮助学生深入理解外观形态与内部结构之间的关联，利用实例说明外观设计如何影响内部结构的稳定性和性能。

强调美学与工程之间的平衡，鼓励学生综合考虑外观形态和结构内部特征，不仅注重美学表现，还要确保结构的稳定性和可行性。

鼓励学生在小组内分享观察和分析的结果，一起探讨外观形态和结构内部特征对设计的影响。小组合作有助于相互学习和共同解决问题，培养协作和沟通能力。

注重外观造型而稳定性差

调整为更坚固的"米"字结构

作者：徐培诗 谢芷瑶 谢沁瑜 谢彤

指导老师：王萍

学生对桥有不同的理解，尝试呈现不同的结构作品，其外观形态美感稍弱，但结构受力较为突出，两者之间难以达到一个平衡。

桥整体形态图

作者：张煜晗　韩越　田舒琳　陈权　李昊添

指导老师：王萍

桥结构细节图

桥承重测试

5. 对单一材料的运用

瓦楞纸板是一种轻便且易于加工的材料，在结构设计中展示了出色的多功能性。学生可以通过切割、折叠和组装瓦楞纸板来实现各种结构，养成创造性思维并学习实际制作技能。这种单一材料的运用强调了资源的有效利用和可持续性。

木条在建筑和结构工程中有着悠久的历史。它以自身的结构强度和可塑性而闻名，能够用于制作稳定的结构。学生通过木条的运用，不仅可以理解木材的物理特性，还能锻炼结构设计和加工技能。这对建筑、桥梁和家具等领域的设计师尤为重要。

通过限定使用单一材料，鼓励学生在设计中寻求创新和多样性。学生需要思考如何最大限度地发挥这种材料的潜力，满足不同项目的需求。

瓦楞纸鞋底

作者：梁嘉铭　李正阳　王宝源　梁名扬

指导老师：王萍

桥的草模推演尝试

作者：陈谢辉　符赞聪　李源　何家豪　李铭伉

指导老师：彭译萱

桥的制作过程

桥的最终完成作品

作者：陈谢辉 符赞聪 李塬 何家豪 李铭伉

指导老师：彭译萱

6. 这样的结构更稳定

拱桥原理在结构工程中被广泛应用，因为它具有出色的稳定性。拱桥采用弯曲形状，将荷载沿着弓形分散到地基上。这样的设计将力传递到地基，减轻了单一支点承受的压力，使整个结构更加稳定。这个原理也有助于克服桥梁跨度大的问题，使其能够横跨更远的距离而不失稳定性。

榫卯结构是一种传统的木艺连接技术，通过凸凹的榫和卯互锁，使结构更牢固。这种结构在我国传统建筑中得到广泛应用，因为它提供了坚固的连接方式，防止松动和移动。

三角形是一种几何形状，具有卓越的稳定性。它的三边和三个角点形成一个刚性框架，可以分散和承受各种力，包括压力和拉力。三角形的稳定性根植于其构造，使其在建筑、桥梁和其他设计中成为理想的选择。将三角形的原理纳入设计，可以显著提高结构的稳定性。

因此，结构的稳定性是设计中至关重要的因素，拱桥原理、榫卯结构和三角形的应用都有助于确保设计的稳定性，减少结构问题和风险，为实际项目提供坚实的基础。

下面这个小组制作的木桥，主要灵感来自下面两座桥及榫卯结构。

一是赵州桥。它并不是半圆形的，而是券形的，其比半圆要小。这种设计可以降低桥两端的高度，使桥没有那么陡峭，利于马车来往。二是太平渡大桥。下部结构桥台采用重力式 U 型台，受力面是平的。

赵州桥

太平渡大桥

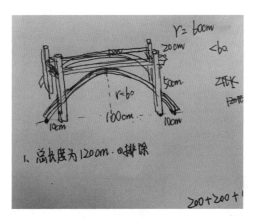

木桥设计草图计算

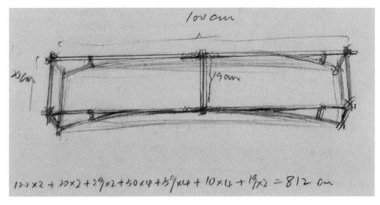

俯视图计算

作者：黄淑琪 邓舒文 林睿思 李思静

指导老师：王萍

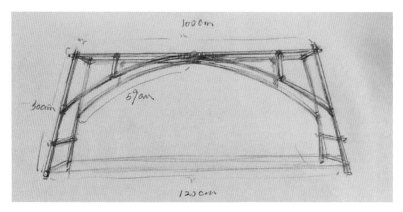

正视图设计

木条运用榫卯结构原理拼接

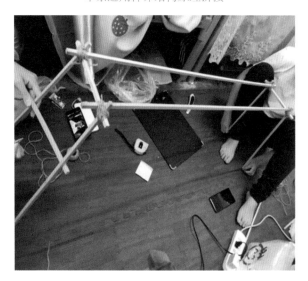

木条固定

作者：黄淑琪　邓舒文　林睿思　李思静

指导老师：王萍

受力点固定

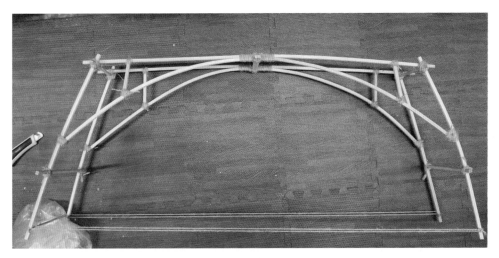

最终作品展示

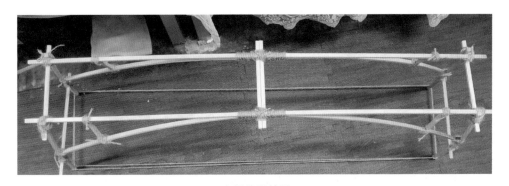

木桥俯视效果

作者：黄淑琪 邓舒文 林睿思 李思静

指导老师：王萍

承重测试

作者：黄淑琪　邓舒文　林睿思　李思静

指导老师：王萍

三角形结构桥

桥结构细节图

作者：刘姵琳　蔡光伟　敖静如　美林娜

指导老师：王萍

结构大桥承重测试

作者：刘帼琳　蔡光伟　敖静如　美林娜

指导老师：王萍

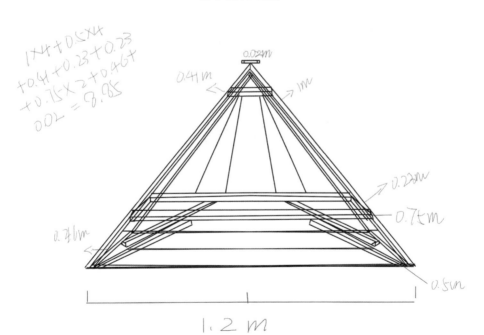

桥数据计算

作者：郭梦维　陈洁欣　刘付志鑫

指导老师：彭译萱

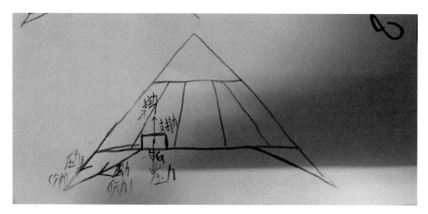

受力分析图

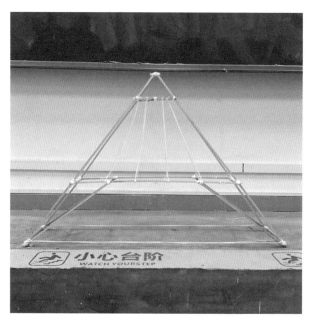

最终成品图

作者：郭梦维　陈洁欣　刘付志鑫

指导老师：彭译萱

7. 对结构的利用不灵活，效果不明显

若不熟悉如何充分利用结构中的跨度和承受力，则会导致设计在实际应用中的效果不如预期。在设计中应最大限度地优化跨度和承受力。

引导学生进行结构分析和计算，确定最适合的跨度和承受力范围，使用结构分析软件进行计算，了解结构的限制，并提出相应的解决方案。此外，还可以引入各种案例研究和实践项目，让学生了解不同跨度和承受力要求下的设计实现。通过分析成功案例和失败案例，学生可以深入地理解结构的灵活性和重要性。

在此基础上,鼓励学生灵活选择跨度和结构类型,以满足项目需求和美学要求,培养学生的创造性思维和设计技能,更好地利用结构的潜力。

小模型桥测试

作者:曾仆菲 梁琼丹 史雪雨 卜荣宇 张嘉良 罗绍强

指导老师:王萍

用棉线绑住木条

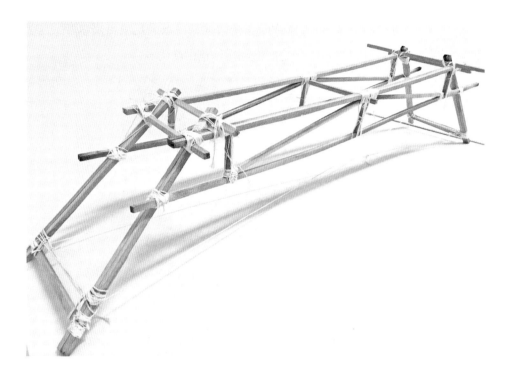

最终作品呈现

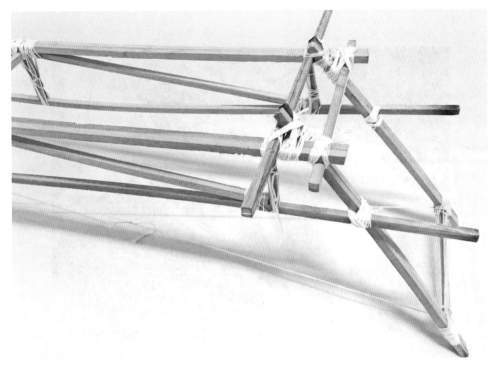

桥细节图

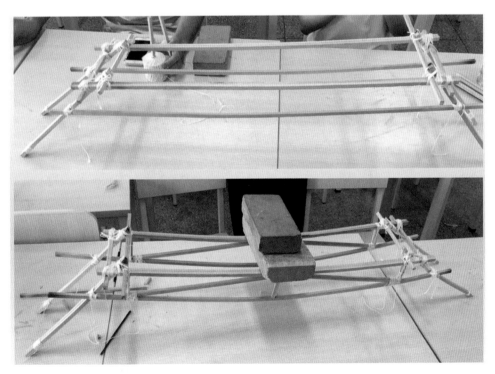

承重测试

下面是另外一个小组的作品。

桥透视图

作者：曾颖　袁凯琪　蔡颖琪　吴志莹　蹇奕欣

指导老师：王萍

制作过程

最终成品图

第 三 篇

创意生活篇

中国传统节日·创意非遗·餐饮品牌设计

▶ 一、课题任务

课题名称：中国传统节日、创意非遗、餐饮品牌设计。引导学生熟悉设计三大流程，学会发现问题、分析问题、解决问题，根据课题内容进行相关设计研究。

设计程序是一个全方位的过程，包括从发现问题、分析问题到解决问题的一系列步骤。了解一个完整的设计程序，旨在帮助学生全面了解在进行设计项目时该如何切入及采用何种思维方式来思考问题。

学生需要明确设计的目标和背景，并确定解决的问题。这可以通过与相关利益相关者交流、观察和调研来实现。学生可以提出一些关键问题，例如，需要解决什么问题？有哪些约束和限制？目标用户是谁？

一旦问题确定，学生就需要分析问题的方方面面，包括了解问题的根本原因、了解需求和要求、评估现有解决方案的优缺点等。学生可以通过进行头脑风暴、制作思维导图或使用分析工具来更好地理解问题。

在思考问题的基础上，学生可以开始制定解决方案。这需要将思考和创意转化为实际的设计。学生可以通过绘图、草图、建模或使用计算工具来描述解决方案，关键是确保解决方案能够有效满足问题的要求，并且能够实际应用。

建筑设计线稿草图

作者：李光浩

遵循这个设计程序，学生可以全方位了解设计项目的过程，并定义、分析和解决问题。这样的方法可以培养学生创新思维、解决问题的能力，并最终得到一种满意的设计解决方案。

1．发现问题

（1）发现的问题是否有普遍性、根本性。

（2）发现的问题是否具有实际的设计研究意义。

（3）发现的问题是否具有可行性。

2．分析问题

（1）熟练掌握分析问题的方法。

（2）分析过程简洁明晰。

3．解决问题

（1）问题得到很好的解决。

（2）设计的产品完整且具有一定审美性。

（3）将整体设计流程与内容以调研报告形式呈现并进行 PPT 展示。

二、课题训练目标

培养学生发现问题、分析问题及解决问题的能力。为设计学科的基本设计思想与方法奠定立足基点，分解专业设计程序与方法，培养设计系统论的思维基础。

三、教学引导

1．发现问题

（1）问题来源

问题，从语义上来说，就是需要研究讨论并加以解决的矛盾、疑难。在生活中，我们经常会碰到形形色色的问题，例如，世界上第一个发明冰箱的是谁（科学问题），冰箱是如何制冷的（技术问题），人口老龄化、大学生就业、文化缺失（社会问题）。问题主要来自以下 3 个方面。

① 人类生存活动中必然会遇到的问题（必然碰到的）。例如，我们要解决如何进食的问题，所以设计出刀、叉子、筷子等。

爱马仕 24 金色马赛克系列餐具

② 别人给出的问题（别人给出的）。在企业进行设计工作时，问题的来源大都属于这种。当汽车的速度超过 100km/h 时，空气阻力问题越来越明显。为了解决这个问题，汽车企业设计了外观呈流线型的汽车。

比亚迪汉 EV 创世版汽车

③ 设计者基于一定目的主动发现的问题（自己主动发现的）。在设计过程中，设计者也会主动发现问题，以实现特定的目标。例如，设计者可能希望开发一种更环保和节能的家用电器。在这个目标的基础上，设计者会主动思考如何减少能源消耗、改善电器的效率等问题，并采用设计出更高效的电路、优化电器的结构等方式来解决这

些问题。通过主动发现问题，设计者能够更好地实现自己的设计目标，并提供更具创新性和可持续性的解决方案。

下面从设计者的角度探索发现问题的流程。

（2）找寻设计点

"设计点"，顾名思义，是设计的"起点"，也是决定能否做出"好设计"的基础。寻找"设计点"其实就是发现问题的过程，所设计的产品就是从发现的问题中整理出来的。发现一个好的"设计点"对整个设计来说就相当于完成了一半工作。

如果家里买了一幅装饰画，想要对齐贴在墙上就有点困难。2017 年红点奖最佳设计奖获得者晏劭廷针对这一问题给出了解决方案，让家里的装饰画可以整齐摆放。

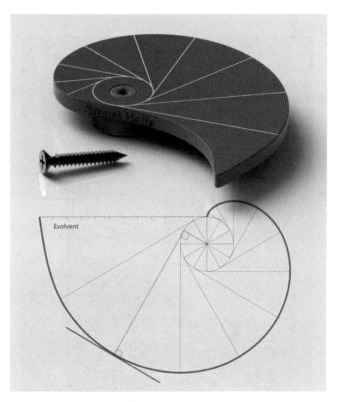

红点奖"最佳设计"奖产品——Smart Helix
作者：晏劭廷

这个看似普通的产品精准地解决了人们生活中棘手的小难题，方便了人们的生活。那么该如何寻找一个好设计点呢？此时需要我们有一双能发现问题的眼睛。可以从根本性或普通的问题中寻找自己能解决的项目，切实解决社会性的问题；也可以在大众的普遍需求中寻找问题，例如，通过对人的需求的分析寻找问题点。

寻找/发现问题

☐ 不是偶然发现

☐ 不是数据收集

☐ 不是在图书馆查找研究成果

☐ 是寻求解释

☐ 是找答案的过程

寻找/发现问题

作者：王萍

　　中国有着五千多年历史，中国传统节日流传至今也有几千年了。其中一些重要节日可以视为设计师主动发现的"问题"，将其融入设计师的设计之中可以实现设计师的目标。

端午节海报

图片来源：《中国日报》

2．分析问题

（1）功能分析

① 本质功能分析。识别问题的本质功能，并分析解决问题的方法。就本课题而言，一定要分析出课题所涉及产品的本质功能问题，而不要考虑其他限定条件。

② 人群对产品的根源需求。通过真实数据资料分析识别产品最初产生的原因，进而分析当时用户的基本需求，有助于把握问题的本质。

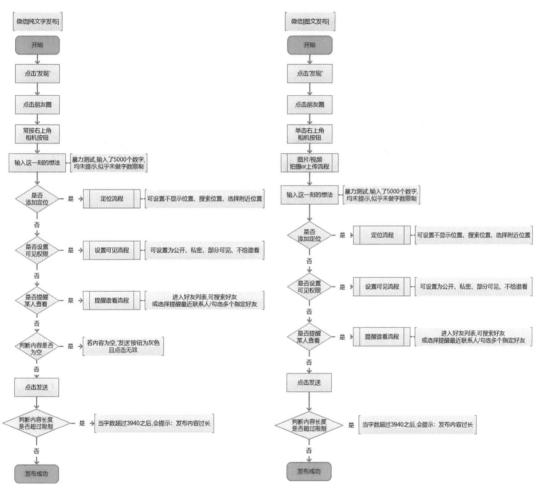

微信功能分析

作者：庄国雄

（2）用户分析

① 分析目标用户的意义。通过分析目标用户特征，深入了解目标客户群，有助于了解用户的真正需求。

② 初步确定目标用户群。在初步确定目标用户群时，需要设计主要战略目标，找到具有共同需求和喜好的消费群体。

③ 目标用户群的特性分析。分析目标用户群的人口统计数据，如年龄、性别、收入、职业、地理位置和生活方式。了解受众是确保传递正确信息的关键，为后续设计提供理论支持，每个设计步骤都有实质内容。

用户分析 / 用户画像

作者：杨凌彦　郑思露　李光浩　张晓红　黄艳琳　梁凯婕

指导老师：徐兴

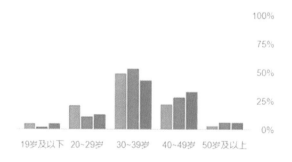

用户分析

作者：庄国雄

（3）设计点涉及的相关分析

设计点涉及的相关分析旨在了解市场上的现状和不足之处，发现其中存在的问题。分析设计点，有助于深入了解设计点的特点，把握设计点革新的根源，从而设计出符合发展趋势、满足用户需求的设计方案。

分析内容包括功能分析、结构分析、材料分析、加工工艺分析、外观形态分析、产品包装分析等。根据具体设计点的不同，内容会有所变化。

（4）设计点的环境分析

通过对课题进行环境分析，掌握设计物所在使用环境的特点，发现用户在不同环境下使用设计物时可能遇到的问题，以及设计物在环境中可能出现的问题，从而得到设计点和用户潜在需求。

（5）研究方法

① 归纳研究方法。

归纳研究方法包括三个阶段。

观察：如观察到大象依赖水生存。

观察模式：如观察到所有动物都依赖水生存。

提出理论或一般（初步）结论：如所有动物都依赖水生存，所以大象也依赖水生存。

注意，归纳的结论往往是不能肯定的，除非已经把所有的个别事物都观察了。

② 演绎研究方法。

进行演绎研究，总是从一个理论（归纳研究的结果）开始。演绎推理意味着检验这些理论，如果还没有理论，就不能进行演绎研究。演绎研究方法包括 4 个阶段。

从现有理论开始：如低成本航空公司的航班总是延误。

收集数据验证假设：如收集低成本航空公司航班数据。

分析和测试数据：如低成本航空公司 100 个航班中有 5 个没有延误。

决定是否可以拒绝假设：如低成本航空公司 100 个航班中有 5 个没有延误 = 拒绝假设。

这里需要注意演绎法要正确，前提（理论）必须是成立的、符合事实的，要不然结论可能是错误的。

• 两种研究范式

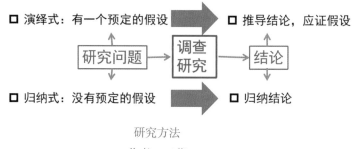

- □ 演绎式：有一个预定的假设　　□ 推导结论，应证假设
- 研究问题 → 调查研究 → 结论
- □ 归纳式：没有预定的假设　　□ 归纳结论

研究方法
作者：王萍

选择研究方法后如何进一步推进呢？这时就需要通过问卷法、访谈法进行数据收集与整理。

• 调查研究方法——问卷法

问卷法是通过由一系列问题构成的调查表收集资料以测量人的行为和态度的心理学基本研究方法之一。

问卷设计 ▷ 问卷调查 ▷ 问卷分析

问卷法
作者：王萍

• 调查研究方法——访谈法

访谈法（interview）又称晤谈法，是指通过访员和受访人面对面交谈来了解受访人的心理和行为的心理学基本研究方法。因研究问题的性质、目的或对象的不同，访谈法具有不同的形式。

访谈法
作者：王萍

3．解决问题

（1）制定设计目标与策略

通过以上的问题发现及问题分析，可以推导出设计目标并制定设计策略。

为方便理解，我们将以上的设计概念转换成日常生活中的
"减肥"这件事，你会更清楚地看到这些概念之间的关系和区别

减肥目标：
⊗ 不具体：我太胖了，我今年要去减肥。
✅ 具体：我太胖了，我到今年年底（12月30日前）要减掉5斤。

解决问题——设计目标

作者：李光浩

继续以减肥为例：

减肥策略： 对应"健康减肥，不伤身体"原则，提出以下两个策略。
💡 策略①：少吃食物。
💡 策略②：多运动。

解决问题——设计策略

作者：李光浩

（2）方案成果

① 方案设计。

根据设计目标和策略，生成高度逼真的方案。在设计方案时，可以根据阶段和角色任务路径生成，以便全面思考，避免遗漏关键点。

② 方案验证。

方案生成后，为了验证其可行性及是否优于其他竞品，可以进行可用性测试，将功能路径拆解并整理为剧本化任务，明确任务起点和目标。结合问卷访谈和演示操作来评估方案的可行性，并检查用户的需求是否得到满足，功能操作流程是否完整闭环。同时，还要持续优化和完善方案。

③ 方案产出。

在设计时，不要陷入视觉细节，例如，元素应该是圆角还是直角。应结合可用性测试数据和竞品分析结果，将其融入整个流程的设计中，从整体到具体全面思考，构建闭环思维。

④ 内外评审。

内外评审是指邀请团队伙伴检查方案并提出建议保证方案的质量。在评审前可以将前期准备的资料讲述一遍，使参与的伙伴全面了解需求背景。

继续以减肥为例：

制定方案： 以下方案对应策略提出。
☑ 方案①：早餐吃饱，中餐吃好，晚餐吃少，谢绝奶茶等高热量食品。
☑ 方案②：每天晚上坚持锻炼，去操场跑4圈。

解决问题——方案产出

作者：李光浩

▶ 四、评价标准

——在设计流程中发现问题、分析问题、解决问题的能力。

——撰写调研报告的能力及PPT制作汇报能力。

——系列设计作品的整体控制能力，系列与个体、共性与个性的整体组织和规划能力。

——最终设计作品的准确性、形态审美性、整体系列感。

——设计管理与团队合作能力。

——汇报、总结、分析与反思能力。

——设计思维能力。

▶ 五、设计流程展现——学生作品

1. 发现问题——问题展示

（1）中国传统节日

中国传统节日是中华民族悠久历史文化的重要组成部分，形式多样，内容丰富。例如，二十四节气是历法中表示自然节律变化及确立"十二月建"的特定节令，蕴含着悠久的文化内涵和历史积淀。在岁月的长河中，我们应该牢记，不能遗忘。

中国传统节日观念——腊八节

作者：李诗琪　梁诗敏　刘小建　吕新　石雨

指导老师：周璇璇

中国传统节日观念——谷雨节气

作者：吴佳莉　邹晓盈　颜君美　王梓丞

指导老师：周璇璇

（2）创意非遗

香云纱，又名响云纱，本名莨纱，是一种用广东特色植物薯莨的汁水对桑蚕丝织物涂层，再用珠三角地区特有的含矿河涌塘泥覆盖，经日晒加工而成的一种昂贵的纱绸制品。由于技术、土地资源、时间成本等问题，目前香云纱面临传承问题。

创意非遗——香云纱

作者：梁浩昌

指导老师：凌红莲

（3）餐饮品牌设计

广州小吃众多，竞争激烈，本土特色小吃竞争压力大，需要强化品牌包装效应来提升对消费者的吸引力。

广州特色小吃

作者：谭远龙（广东科技学院）

2. 分析问题——方法展示

（1）中国传统节日

选项 ⬥	小计 ⬥	比例
创意	139	68.47%
文化背景	114	56.16%
功能	103	50.74%
外观	103	50.74%
价格	99	48.77%
潮流	49	24.14%
其他 [详细]	7	3.45%
本题有效填写人次	203	

🥧 饼状　◯ 圆环　📊 柱状　☰ 条形

创意	68.47%
文化背景	56.16%
功能	50.74%
外观	50.74%
价格	48.77%
潮流	24.14%

腊八节文创产品喜爱类型问卷调研

男性用户占37%

女性用户占63%

样本：200人，男性74人，女性126人

人群分析

作者：李诗琪　梁诗敏　刘小建　吕新　石雨

指导老师：周璇璇

（2）创意非遗

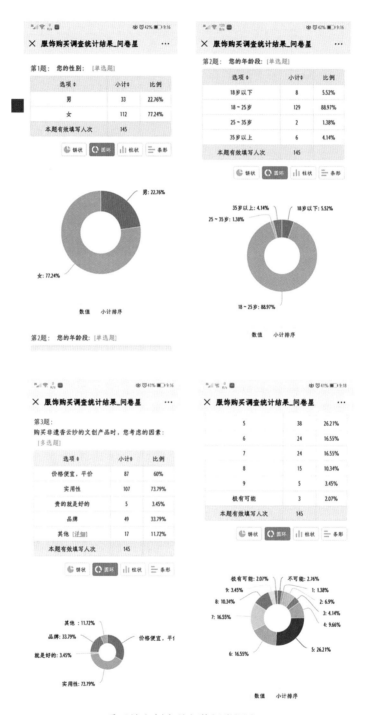

香云纱文创产品包装问卷调查

作者：李展瑶　王伊灵　孙梓馨　陈艳静

指导老师：凌红莲

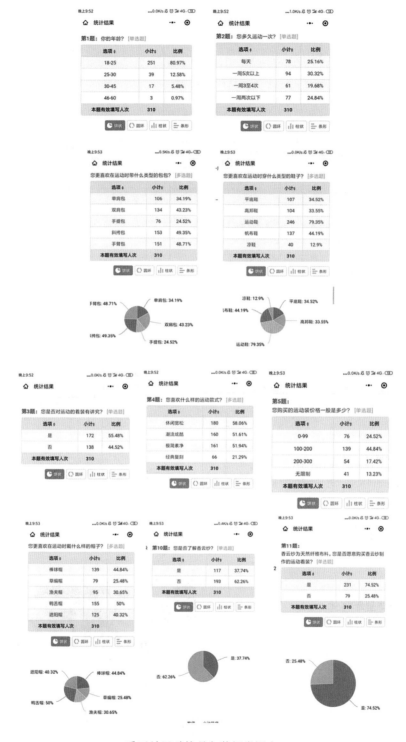

香云纱运动饰品包装问卷调查
作者：洪锦媚　杨武苏　陈艺丹
指导老师：凌红莲

（3）餐饮品牌设计

S8 请问您知道以下哪些广州特色小吃？ [多选题]

查看多选题百分比计算方法

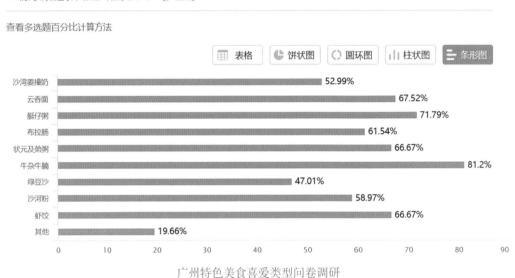

广州特色美食喜爱类型问卷调研

获取有效的消费者信息，掌握其人口和心理特征，就可大致判断他们可能购买什么样的特色小吃。这就涉及消费特征的研究。通过对调查资料的整理、分析，我们发现特色小吃消费具有如下的消费特征：

女性多于男性

　　在特色小吃的样本构成中，女性占56%，男性占44%。进一步对数据进行交互分析，在特色小吃消费中，女性会更考虑小吃的品牌设计，可能与其"是否是老字号"的核心价值有关，商家应倾向于产品人格品牌化打造。

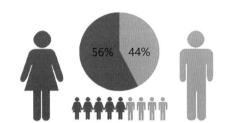

主导消费群体呈年轻化

调查资料显示，20～35岁的被访者占了总样本的88.03%，随着年龄的增长，对特色小吃感兴趣的样本量越来越少，可见年轻人为特色小吃消费的主导群体。广州特色小吃代表着"食在广州"形象潮流，这正好迎合了年轻一族的消费心理。

广州特色美食喜爱人群问卷分析

作者：谭远龙（广东科技学院）

3．解决问题——成品展示

（1）中国传统节日宣传作品

二十四节气雪糕袋包装设计

作者：何宬禧　曾斯苑　郑晓桐　梁德棋　张皓伦

指导老师：王萍

中秋月亮餐具设计

作者：冯清薇　黄鑫　梁俊杰　李嘉韫

指导老师：周璇璇

（2）非遗文化宣传作品

创作灵感：《逍遥游》，以鲲和浪花为主要元素。

正面：这个眼罩由舒适的香云纱和纯棉面料制成，轻体透凉且遮光，让眼睛的疲劳得到舒缓。图案中出现的曲线浪花是为了让人更直观地感受到逍遥的愉悦。眼罩中间为鼻翼的调节绳，"逍遥"二字再次凸显主题。眼罩两旁的橡筋由香云纱包裹，舒适柔软不伤耳部皮肤。而且香云纱面料易清洗。

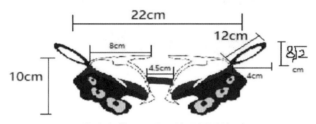

非遗宣传——香云纱眼罩设计

逍遥游—手表

表带较长的一端：12cm
表带较短的一端：8cm
表盘长：7cm
表盘宽：3cm
表盘厚度：0.5cm

表带的主要材质是香云纱，再由刺绣完成"鱼""海浪""逍遥"部分，扣结也是香云纱，但两边有刺绣，起到加固作用。表盘材质为金属，再用喷漆上色。

创作灵感：
自在逍遥地遨游在大海里的鲲的前身是什么？会不会是从游荡的小鱼群中脱颖而出的？我们是不是也能像鲲一样越过龙门，跨过艰难险阻，成功"逍遥游"呢？因为主要受众是喜爱"国潮"的青年，所以希望在手表的佩戴舒适性的基础上，也能赋予其内涵，激励青年继续努力，不畏险阻，奋勇向前！

非遗宣传——香云纱手表设计
作者：林小靖 张惠玲 周晓菲
指导老师：凌红莲

逍遥游—项圈

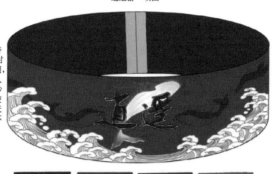

项圈主要使用香云纱，香云纱对皮肤有保健作用，适合皮肤敏感人群使用。香云纱轻薄柔软，即使是在闷热的夏天佩戴项圈，也不会感到难受。

创作灵感来自《逍遥游》，以鲲和海浪为主要元素。海浪由蓝白丝线刺绣而成，鲲翻飞在海浪之上，为项圈增添灵动之感。

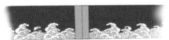

项圈用金属夹扣固定，保证了项圈紧贴肌肤，不会因运动而滑开。

非遗宣传——香云纱项圈设计

作者：林小靖　张惠玲　周晓菲

指导老师：凌红莲

非遗宣传——香云纱新中式纹样设计

作者：卢慧璇　苏婉诗　覃麒民　李兆晴

指导老师：凌红莲

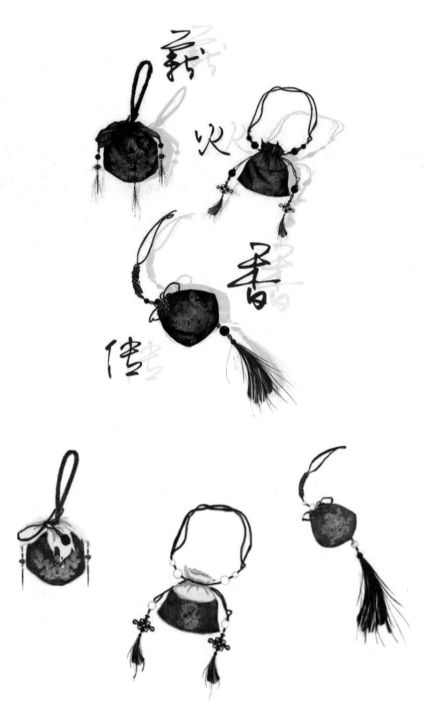

非遗宣传——香云纱香包产品设计

作者：梁浩昌

指导老师：凌红莲

（3）餐饮品牌设计

餐饮品牌界面设计

作者：谭远龙（广东科技学院）

餐饮品牌界面设计
作者：谭远龙（广东科技学院）

六、完整设计流程

1. 中国传统节日

学生发现曾经热闹非凡的传统节日，其人文内涵受到现代文化的冲击。在这些具有浓厚文化色彩的活动逐渐被人们"遗忘"的同时，节日所承载的文化内涵也逐渐弱化。

基于发现的问题，学生利用问卷形式调查了解现在人们对于腊八文化的了解及关心传统节日文化的程度，进一步掌握具体信息来分析问题。

第3题：您和您的家人过不过腊八节呢？[单选题]

选项 ÷	小计 ÷	比例
过	51	25.12%
不过	152	74.88%
本题有效填写人次	203	

第4题：是否知道腊八节的故事？[单选题]

选项 ÷	小计 ÷	比例
是	68	33.5%
否	132	65.02%
想展开讲也行 [详细]	3	1.48%
本题有效填写人次	203	

第7题： 感兴趣的腊八节食材？ [多选题]

选项 ‡	小计 ‡	比例	
腊八粥	183		86.73%
腊八蒜	36		17.06%
腊八豆腐	31		14.69%
其他 [详细]	16		7.58%
本题有效填写人次	211		

第6题： 听到腊八节第一时间脑内浮现的颜色是？ [多选题]

选项 ‡	小计 ‡	比例	
红	163		77.25%
黄	55		26.07%
蓝	14		6.64%
绿	23		10.9%
橙	44		20.85%
紫	29		13.74%
其他 [详细]	20		9.48%
本题有效填写人次	211		

腊八节关注度问卷调研

第12题： 喜欢的文创风格？ [多选题]

选项 ‡	小计 ‡	比例
国风	129	63.55%
简约	106	52.22%
复古	73	35.96%
民族	65	32.02%
其他 [详细]	11	5.42%
本题有效填写人次	203	

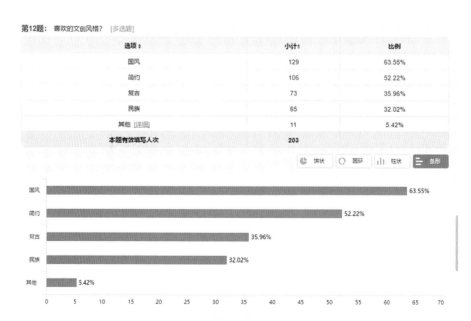

腊八节文创产品喜爱类型问卷调研

作者：李诗琪　梁诗敏　刘小建　吕新　石雨

指导老师：周璇璇

基于对设计问题的分析，该组同学提取"腊八文化"为主要设计灵感，舍弃对食品第一反应为味觉的想法，以嗅觉为切入点，选择制作带有腊八食材香气的香薰蜡烛，再将红色文化融入设计产品来制作包装。利用"蜡"与"腊"同音的效果，增加产品与文化的连通性。当代年轻人选择该产品时，既可以感受到有别于市场上普通花香的香薰蜡烛，还可以在享受生活的同时了解中华民族传统文化历史，以增强中华民族传统文化的传播力。

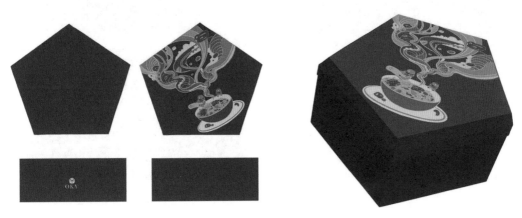

腊八节文创产品五星形象包装设计

腊八节文创产品设计——红枣蜡烛

腊八节文创产品设计——绿豆蜡烛

腊八节文创产品设计——花生蜡烛　　　　　腊八节文创产品设计——桂圆莲子蜡烛

腊八节文创产品设计——大米／小米蜡烛　　　　腊八节文创产品设计——完整展示

作者：李诗琪　梁诗敏　刘小建　吕新　石雨

指导老师：周璇璇

2．餐饮品牌设计

在广州，小吃云集，丰富的小吃种类使得本土特色小吃竞争压力大。近年来，"互联网＋餐饮"风生水起，给中国人的餐桌带来了深刻变化。

调查对象：广州特色小吃的消费者。

调查方法：问卷调查法。

有效样本：回收有效问卷117份，问卷有效率达100%。

广州特色小吃消费者问卷调查

特色小吃消费中最关注因素

进一步对调查数据进行交互分析，发现，女性比较偏向于关注"特色小吃味道口感"，男性则关注"品牌"因素；20~35岁年龄段的人较关注味道与口感。

广州特色美食消费原因问卷分析

选取广州特色小吃案例牛腩牛杂提出解决方案

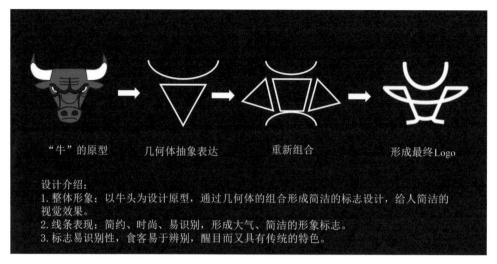

设计品牌 Logo，打造品牌形象

目标用户

用户需求: 易操作的完成点餐流程，分享美食或推荐好友
用户画像
性别：女性
年龄：25～35岁
城市：广州长住居民
月收入：3000～5000元
类型：纯吃货、美食分享家

餐厅点餐工具应用的主要用户主要是女性，以25～35岁的年轻人居多，她们大多数来自一线城市，她们很可能是热爱美食的职场白领或者是美食分享家。

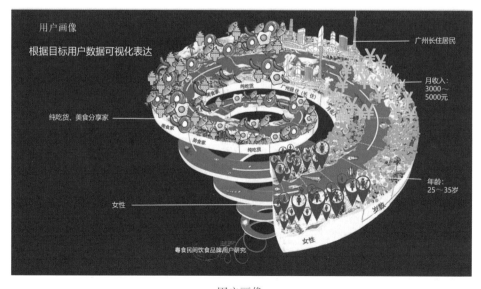

用户画像

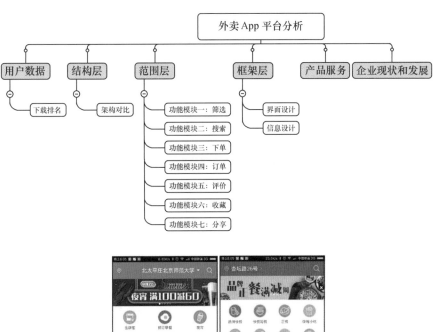

饿了么　　　美团外卖

竞品分析

首页　　　　个人页面

设计方案

作者：谭远龙（广东科技学院）